D. Merkle · K. Rupp · D. Scholz

Elektrohydraulik

AF004270

FESTO

Springer-Verlag Berlin Heidelberg GmbH

D. Merkle · K. Rupp · D. Scholz

Elektrohydraulik

Grundstufe

Springer

FESTO DIDACTIC KG
Ruiter Straße 82
73734 Esslingen

Die Deutsche Bibliothek - CIP-Einheitsaufnahme
Merkle, D.:
Elektrohydraulik / D. Merkle; K. Rupp; D. Scholz. Hrsg.: Festo Didactic KG. –
Berlin; Heidelberg; New York; Barcelona; Budapest; Hongkong; London;
Mailand; Paris; Santa Clara; Singapur; Tokio: Springer, 1997
ISBN 978-3-540-62087-7   ISBN 978-3-642-59130-3 (eBook)
DOI 10.1007/978-3-642-59130-3

NE: Rupp, K.; Scholz, D.

ISBN 978-3-540-62087-7

Dieses Werk ist urheberrechtlich geschützt. Die dadurch begründeten Rechte, insbesondere die der Übersetzung, des Nachdrucks, des Vortrags, der Entnahme von Abbildungen und Tabellen, der Funk-sendung, der Mikroverfilmung oder Vervielfältigung auf anderen Wegen und der Speicherung in Datenverarbeitungsanlagen, bleiben, auch bei nur auszugsweiser Verwertung, vorbehalten. Eine Vervielfältigung dieses Werkes oder von Teilen dieses Werkes ist auch im Einzelfall nur in den Grenzen der gesetzlichen Bestimmungen des Urheberrechtsgesetzes der Bundesrepublik Deutschland vom 9. September 1965 in der jeweils geltenden Fassung zulässig. Sie ist grundsätzlich vergütungspflichtig. Zuwiderhandlungen unterliegen den Strafbestimmungen des Urheberrechtsgesetzes.

© Springer-Verlag Berlin Heidelberg 1997
Ursprünglich erschienen bei Springer-Verlag Berlin Heidelberg New York 1997

Die Wiedergabe von Gebrauchsnamen, Handelsnamen, Warenbezeichnungen usw. in diesem Buch berechtigt auch ohne besondere Kennzeichnung nicht zu der Annahme, daß solche Namen im Sinne der Warenzeichen- und Markenschutz-Gesetzgebung als frei zu betrachten wären und daher von jedermann benutzt werden dürften.

Sollte in diesem Werk direkt oder indirekt auf Gesetze, Vorschriften oder Richtlinien (z.B. DIN, VDI, VDE) Bezug genommen oder aus ihnen zitiert worden sein, so kann der Verlag keine Gewähr für die Richtigkeit, Vollständigkeit oder Aktualität übernehmen. Es empfiehlt sich, gegebenenfalls für die eigenen Arbeiten die vollständigen Vorschriften oder Richtlinien in der jeweils gültigen Fassung hinzuzuziehen.

Einband-Entwurf: Struve & Partner, Heidelberg
Satz: Digitale Druckvorlage vom Autor
SPIN: 10561278   68/3020 - Gedruckt auf säurefreiem Papier

Konzeption des Buches 6   Inhaltsverzeichnis

Teil A: Kurs

1.	**Einleitung**	9
1.1	Vorteile der Elektrohydraulik	10
1.2	Anwendungsgebiete der Elektrohydraulik	10
1.3	Gliederung einer elektrohydraulischen Anlage	11
2.	**Schaltzeichen und Symbole**	13
2.1	Pumpen und Motoren...	14
2.2	Wegeventile..	15
2.3	Druckventile...	16
2.4	Stromventile...	18
2.5	Sperrventile	19
2.6	Zylinder 20	
2.7	Energieübertragung und -aufbereitung	22
2.8	Meßgeräte 23	
2.9	Gerätekombinationen..	23
2.10	Elektrische Schaltzeichen	24
3.	**Elektrohydraulische Steuerung**...........................	27
3.1	Hydraulischer Schaltplan....................................	28
3.2	Elektrischer Schaltplan.....................................	32
3.3	Funktionsdiagramm	35
3.4	Vorgehensweise beim Aufbau einer elektrohydraulischen Anlage	39
4.	**Ansteuerung eines einfachwirkenden Zylinders**	43
4.1	Übung 1: Direkte Magnetventilansteuerung (Beispiel Niederhalterwalze)	45
4.2	Übung 2: Indirekte Magnetventilansteuerung (Beispiel Niederhalterwalze)	50
4.3	Übung 3: Boolesche Grundfunktionen (Beispiel Wannenpresse)............................	54
5.	**Ansteuerung eines doppeltwirkenden Zylinders**	63
5.1	Übung 4: Signalumkehrung (Beispiel Wannenpresse)............................	64
6	**Logische Verknüpfungen**	71
6.1	Übung 5: Konjunktion (UND-Funktion) und Negation (NICHT-Funktion) (Beispiel Kunststoffspritzgießmaschine)	72
6.2	Übung 6: Disjunktion (ODER-Funktion) (Beispiel Kesseltüre)	77
6.3	Übung 7: Exklusiv-ODER (Beispiel Montageband)............................	81

7.	**Signalspeicherung**	85
7.1	Übung 8: Signalspeicherung im hydraulischen Teil (Beispiel Spannvorrichtung mit Impulsventil)	86
7.2	Übung 9: Signalspeicherung im elektrischen Teil (Beispiel Spannvorrichtung mit Selbsthaltung)	90
7.3	Geschwindigkeitssteuerung Übung 10: Stromregelung (Beispiel Ausreibemaschine)	95
8.	**Ablaufsteuerung**	101
8.1	Übung 11: Druck- und wegabhängige Ablaufsteuerung (Beispiel Einpreßvorrichtung)	102
8.2	Übung 12: Ablaufsteuerung mit Automatikbetrieb (Beispiel Fräsmaschine)	107

Teil B: Grundlagen

1.	**Elektrohydraulische Anlage**	111
1.1	Leistungsteil	112
1.2	Signalsteuerteil	113
1.3	Schnittstelle	113
2.	**Grundlagen der Elektrotechnik**	117
2.1	Gleichstrom und Wechselstrom	118
2.2	Gleichstromkreis	119
2.3	Elektromagnetismus	122
2.4	Kapazität	123
2.5	Messungen im Stromkreis	124
3.	**Elektrische Bauelemente**	127
3.1	Netzteil	128
3.2	Elektrische Eingabeelemente	129
3.3	Sensoren	131
3.4	Relais und Schütz	137
3.5	Elektromagnete	140
3.6	Schaltschrank	145
3.7	Spannungsversorgung einer elektrohydraulischen Anlage	148
4.	**Sicherheitsvorschriften**	149
4.1	Allgemeine Sicherheitsgrundsätze	150
4.2	Sicherheitsgrundsätze für elektrohydraulische Analgen	150
4.3	Sicherheitsgrundsätze für elektrische Analgen	152

Teil C: Lösungen

Übung 1 158
Übung 2 160
Übung 3 162
Übung 4 166
Übung 5 170
Übung 6 172
Übung 7 174
Übung 8 176
Übung 9 178
Übung 10 180
Übung 11 182
Übung 12 186

Anhang

Normen für elektrohydraulische Anlagen........................ 191
Stichwortverzeichnis... 195

Konzeption des Buches

Der vorliegende Band ist Bestandteil des Lernsystems Automatisierungstechnik der Firma Festo Didactic KG. Das Lehrbuch ist sowohl für den Seminarunterricht als auch für ein Selbststudium konzipiert.

Das Buch ist gegliedert in:
- einen Kursteil A,
- einen Grundlagenteil B,
- einen Lösungsteil C.

Teil A: Kurs
Der Kurs vermittelt die notwendigen Kenntnisse über das Thema anhand von Beispielen und Übungen. Die Themen sind inhaltlich aufeinander abstimmt. Die Übungen bauen aufeinander auf. Mit Hilfe von Verweisen wird auf weiterführende und vertiefende Inhalte im Grundlagenteil aufmerksam gemacht.

Teil B: Grundlagen
Dieser Teil enthält theoretische Grundlagen zum Fachgebiet. Die Themen sind sachlogisch geordnet. Der Schwerpunkt liegt in diesem Buch im Bereich der elektrischen Bauelemente. Der Grundlagenteil kann kapitelweise durchgearbeitet oder als Nachschlagewerk benutzt werden.

Teil C: Lösungen
In diesem Teil sind die Lösungen zu den Aufgaben des Kursteils zusammengestellt.

Am Schluß des Buches befindet sich eine Liste der wichtigsten Normen und ein ausführliches Stichwortverzeichnis.

Beim Durcharbeiten des Lehrbuches ist es von Vorteil, wenn Sie bereits über Kenntnisse bezüglich Grundlagen, Geräte und Zubehörteile der Hydraulik verfügen, wie sie z.B. im Lehrbuch "Hydraulik" (LB501) der Firma Festo Didactic vermittelt werden.

Das Lehrbuch kann in ein bestehendes Ausbildungsprogramm eingegliedert werden.

Festo Didactic

Teil A

Kurs

Festo Didactic

Kapitel 1

Einleitung

Einleitung Festo Didactic

Hydraulische Systeme werden eingesetzt, wenn eine hohe Leistungsdichte, eine eine gute Wärmeabfuhr oder sehr große Kräfte gefordert sind.

Elektrohydraulische Systeme sind aus hydraulischen und elektrischen Komponenten aufgebaut:

- Die Bewegungen und Kräfte werden hydraulisch erzeugt (z.B. durch Zylinder).
- Die Signaleingabe und die Signalverarbeitung werden dagegen mit elektrischen und elektronischen Komponenten realisiert (z.B. mit elektromechanischen Schaltelementen oder mit speicherprogrammierbaren Steuerungen).

1.1 Vorteile der Elektrohydraulik

Der Einsatz der Elektrik bzw. Elektronik zur Steuerung hydraulischer Anlagen ist aus folgenden Gründen vorteilhaft:

- Elektrische Signale können über Kabel sehr einfach, schnell und über große Entfernungen übertragen werden. Eine mechanische Signalübertragung (Gestänge, Seilzüge) oder eine hydraulische Signalübertragung (Schläuche, Rohre) ist wesentlich aufwendiger. Aus diesem Grund werden z.B. in Flugzeugen vermehrt elektrohydraulische Systeme verwendet.

- In der Automatisierungstechnik erfolgt die gesamte Signalverarbeitung üblicherweise elektrisch. Elektrohydraulische Anlagen lassen sich deshalb besser in automatischen Produktionsanlagen einsetzen (z.B. in einer vollautomatischen Pressenstraße für die Bearbeitung von Autokotflügeln).

- Bei vielen Maschinen sind komplizierte Steuerungsvorgänge erforderlich (z.B. Kunststoffbearbeitung). Hier ist eine elektrische Steuerung oft einfacher und preisgünstiger als eine mechanische oder hydraulische Steuerung.

1.2 Anwendungsgebiete der Elektrohydraulik

In den letzten 25 Jahren hat sich die elektrische Steuerungstechnik sehr rasch weiterentwickelt. Durch den Einsatz elektrischer Steuerungen hat die Hydraulik neue und vielfältige Anwendungsmöglichkeiten gefunden.

Anwendungen der Elektrohydraulik finden sich in den verschiedensten Branchen, z.B.:

- im Maschinenbau (Vorschub bei Werkzeugmaschinen, Krafterzeugung bei Pressen und in der Kunststoffbearbeitung),
- im Kraftfahrzeugbau (Antrieb von Baumaschinen),
- im Flugzeugbau (Landeklappenbetätigung, Seitenruderbetätigung),
- im Schiffbau (Ruderbetätigung).

Einleitung

Festo Didactic

Die folgende schematische Darstellung zeigt die zwei wesentlichen Baugruppen einer elektrohydraulischen Anlage:

- **Signalsteuerteil** mit Signaleingabe, Signalverarbeitung und Steuerenergieversorgung

- **Hydraulischer Leistungsteil** mit Energieversorgungsteil, Energiesteuerteil und Antriebsteil

1.3 Gliederung einer elektrohydraulischen Anlage

Schematischer Aufbau einer elektrohydraulischen Anlage

```
Signalsteuerteil          Hydraulischer Leistungsteil

                          ┌─────────────────┐
                          │   Antriebsteil  │
                          └─────────────────┘

┌──────────┐   ┌──────────┐   ┌─────────────┐
│ Signal-  │──▶│ Signal-  │──▶│  Energie-   │
│ eingabe  │   │verarbei- │   │  steuerteil │         Leistungsfluß ▲
└──────────┘   │  tung    │   │             │
      ▲        └──────────┘   └─────────────┘
      │              ▲
      │              │         ┌─────────────┐
┌──────────────────────┐       │  Energie-   │
│ Steuerenergieversorgung│     │versorgungsteil│
└──────────────────────┘       │             │
                               │Energiewandlung│
                               │Druckmittel- │
                               │aufbereitung │
                               └─────────────┘
```

Im Signalsteuerteil wird ein elektrisches Signal erzeugt, aufbereitet und über die Schnittstelle dem Leistungsteil zugeführt.

Im Leistungsteil wird diese elektrische Energie zunächst in hydraulische und dann in mechanische Energie umgewandelt.

Einleitung Festo Didactic

Kapitel 2

Schaltzeichen und Symbole

Schaltzeichen und Symbole　　　　　　　　　　　　　　Festo Didactic

Um elektrohydraulische Anlagen im Schaltplan übersichtlich darstellen zu können, verwendet man einfache Symbole (auch Bildzeichen und Schaltzeichen genannt) für die einzelnen Bauelemente. Ein Symbol kennzeichnet ein Bauelement und seine Funktion, sagt jedoch nichts über den konstruktiven Aufbau aus. In **DIN ISO 1219** sind die Schaltzeichen festgelegt, in **DIN 40900** (Teil 7) die graphischen Symbole für Schaltungsunterlagen und in **DIN 40719** die Kennbuchstaben für die Kennzeichnung der Art eines Betriebsmittels. Nachfolgend sind die wichtigsten Bildzeichen erklärt. Die Funktion der Bauelemente ist in den Kapiteln von Teil B in diesem Buch erläutert.

2.1 Pumpen und Motoren

Hydropumpen und -motoren werden durch einen Kreis mit angedeuteter An- und Abtriebswelle dargestellt. Über die Strömungsrichtung geben Dreiecke im Kreis Auskunft, die in der Hydraulik ausgefüllt werden. Die Symbole der Hydromotoren unterscheiden sich von den Symbolen der Hydropumpen nur durch entgegengesetzt gezeichnete Strömungsrichtungsdreiecke.

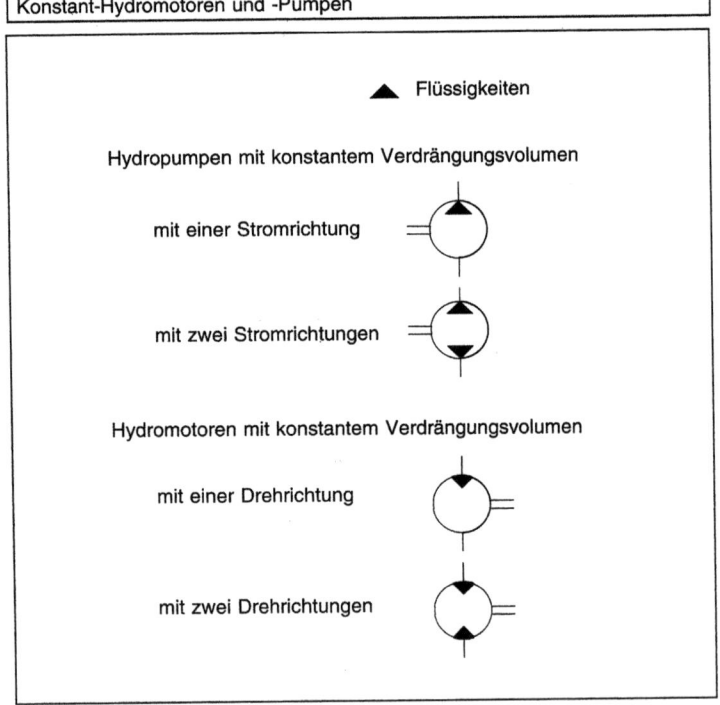

Schaltzeichen und Symbole   Festo Didactic

2.2 Wegeventile

- Wegeventile werden durch mehrere aneinandergereihte Quadrate symbolisch dargestellt.
- Die Anzahl der Quadrate gibt die Anzahl der möglichen Schaltstellungen eines Ventils an.
- Die Pfeile in den Quadraten zeigen die Durchflußrichtung.
- Linien zeigen, wie die Anschlüsse in den verschiedenen Schaltstellungen miteinander verbunden sind.
- Für die Bezeichnung der Anschlüsse gibt es zwei Möglichkeiten. Entweder mit den Buchstaben P, T, A, B und L oder durchgehend mit A, B, C, D, ..., wobei die erste Möglichkeit in der Norm bevorzugt wird.
- Die Bezeichnungen der Anschlüsse sind immer der Ruhestellung des Ventils zuzuordnen. Die Ruhestellung ist diejenige Stellung, die das Ventil nach Wegnahme der Betätigungskraft selbsttätig einnimmt. Falls das Ventil keine Ruhestellung hat, wird sie der Schaltstellung zugeordnet, die das Ventil in der Ausgangsstellung der Anlage einnimmt.
- In der Bezeichnung der Wegeventile wird immer zuerst die Anzahl der Anschlüsse und dann die Anzahl der Schaltstellungen genannt. So hat ein 3/2-Wegeventil (sprich: Drei-Strich-zwei-Wegeventil) drei Anschlüsse und zwei Schaltstellungen.

Weitere Wegeventile und ihre Schaltzeichen zeigt die nachfolgende Abbildung.

Wegeventile: Bezeichnung und Schaltzeichen

Schaltzeichen

2/2-Wegeventil

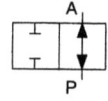

4/2-Wegeventil

3/2-Wegeventil
| Anzahl der Schaltstellungen
Anzahl der Anschlüsse

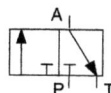

4/3-Wegeventil

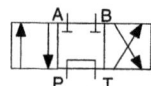

Anschlußbezeichnungen

vorzugsweise:
P   Druckanschluß
T   Rücklaufanschluß
A } Arbeitsanschlüsse
B
L   Lecköl

selten:
A   Druckanschluß
B   Rücklaufanschluß
C } Arbeitsanschlüsse
D
L   Lecköl

Schaltzeichen und Symbole — Festo Didactic

Betätigungsarten

Wegeventile werden über Betätigungselemente zwischen den verschiedenen Stellungen umgeschaltet. Da es unterschiedliche Betätigungsarten gibt, muß das Schaltzeichen für ein Wegeventil um das Symbol für die Betätigung ergänzt werden.

In der Elektrohydraulik werden die Ventile durch den elektrischen Strom angesteuert. Dieser wirkt auf einen Elektromagneten. Bei Magnetventilen gibt es federrückgestellte, impulsgesteuerte und federzentrierte Ventile. Nachfolgend sind die Symbole der im Kurs eingesetzten Betätigungsarten aufgeführt, mögliche weitere Betätigungsarten finden Sie in der DIN ISO 1219.

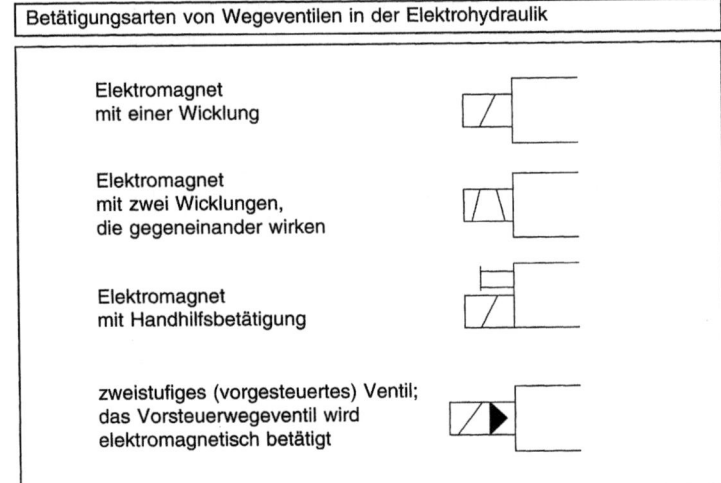

Betätigungsarten von Wegeventilen in der Elektrohydraulik
- Elektromagnet mit einer Wicklung
- Elektromagnet mit zwei Wicklungen, die gegeneinander wirken
- Elektromagnet mit Handhilfsbetätigung
- zweistufiges (vorgesteuertes) Ventil; das Vorsteuerwegeventil wird elektromagnetisch betätigt

2.3 Druckventile

Druckventile dienen dazu, den Druck unabhängig vom Durchfluß möglichst konstant zu halten. Druckventile werden durch ein Quadrat dargestellt. Ein Pfeil gibt die Durchflußrichtung an. Die Anschlüsse der Ventile können mit P (Druckanschluß) und T (Tankanschluß) oder mit A und B bezeichnet werden. Die Lage des Pfeils im Quadrat gibt an, ob das Ventil in Ruhestellung geschlossen oder geöffnet ist.

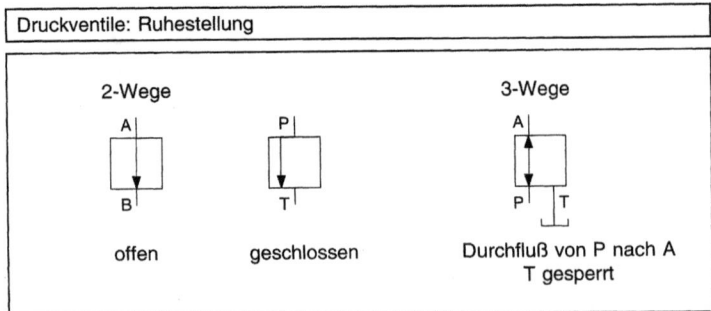

Druckventile: Ruhestellung
- 2-Wege — offen
- 2-Wege — geschlossen
- 3-Wege — Durchfluß von P nach A, T gesperrt

Schaltzeichen und Symbole Festo Didactic

Weiterhin unterscheidet man fest eingestellte und einstellbare Druckventile. Letztere werden durch einen schräg durch die Feder verlaufenden Pfeil gekennzeichnet.

Druckventile: Einstellbarkeit

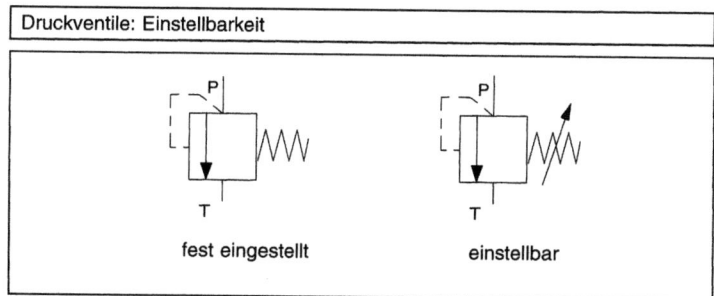

Druckventile werden in Druckbegrenzungs- und Druckregelventile eingeteilt:

- Das Druckbegrenzungsventil hält den Druck an dem Anschluß mit dem höheren Druck (P(A)) annähernd konstant.

Druckbegrenzungsventil

- Das Druckregelventil wirkt hingegen so, daß der Druck an seinem Anschluß A (B), d.h. dem Anschluß mit dem niedrigeren Druckniveau, annähernd konstant bleibt.

Druckregelventil

Druckbegrenzungs- und Druckregelventil

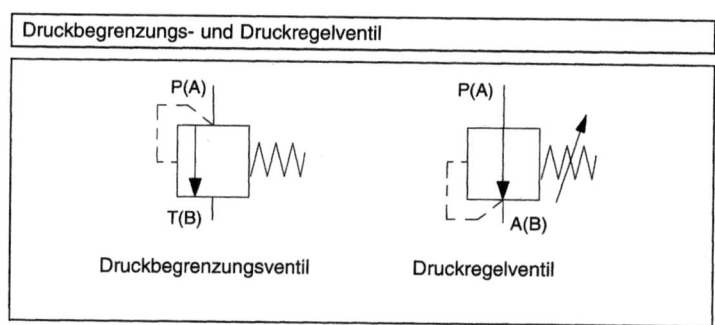

Schaltzeichen und Symbole — **Festo Didactic**

2.4 Stromventile

Stromventile dienen dazu, den Durchfluß in einem Hydrosystem zu verringern. Dies geschieht über Strömungswiderstände, die als Drosseln bzw. Blenden bezeichnet werden. Bei Drosseln ist der Durchfluß abhängig von der Viskosität der Druckflüssigkeit, bei Blenden hingegen nicht.

Stromsteuer- und Stromregelventil

Bei Stromventilen unterscheidet man zwischen Stromsteuer- und Stromregelventilen. Während sich beim Stromsteuerventile der Durchfluß bei wachsendem Druck stark vergrößert, ist der Durchfluß beim Stromregelventil nahezu druckunabhängig.

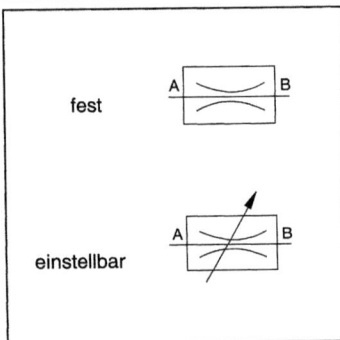

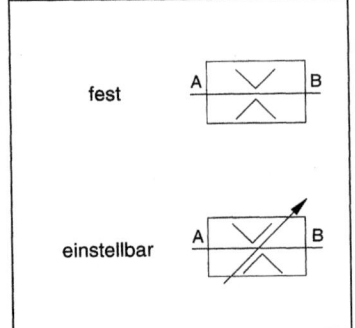

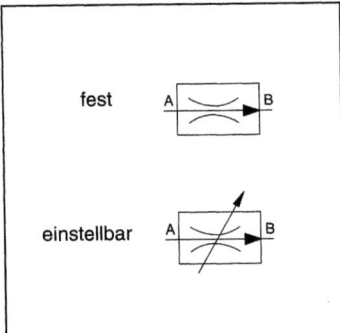

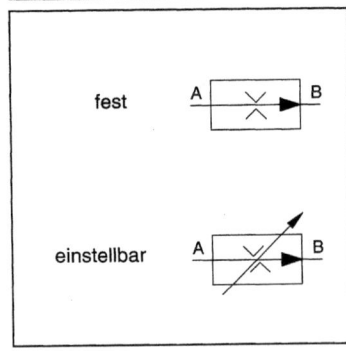

Einstellbares Stromventil

Kann der Widerstand, und damit der Durchfluß, eines Stromsteuer- bzw. eines Stromregelventils eingestellt werden, so wird dies im Symbol durch einen schräg verlaufenden Pfeil gekennzeichnet.

Schaltzeichen und Symbole — Festo Didactic

Sperrventile können den Durchfluß entweder in einer Richtung oder in beiden Richtungen unterbrechen. Bei der ersten Bauart spricht man von Rückschlagventilen, bei der zweiten von Absperrventilen.

2.5 Sperrventile

Rückschlagventile werden im Symbol durch eine Kugel, die gegen einen dicht abschließenden Sitz gedrückt wird, dargestellt. Dieser Sitz wird als offenes Dreieck, in dem die Kugel liegt, gezeichnet. Allerdings gibt die Spitze des Dreiecks nicht die Durchflußrichtung, sondern die gesperrte Richtung an.

Rückschlagventil

Rückschlagventil

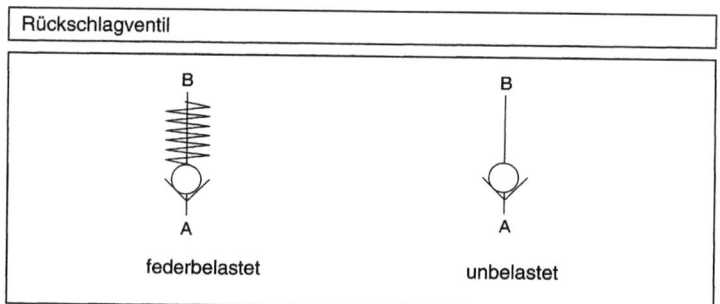

federbelastet   unbelastet

Entsperrbares Rückschlagventil

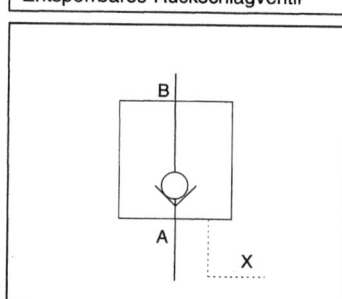

Entsperrbare Rückschlagventile werden durch ein Quadrat dargestellt, in das man das Symbol des Rückschlagventils zeichnet. Die Entsperrbarkeit des Ventils wird durch einen Steueranschluß verdeutlicht, der gestrichelt dargestellt wird. Der Steueranschluß wird mit dem Buchstaben X bezeichnet.

Absperrventil

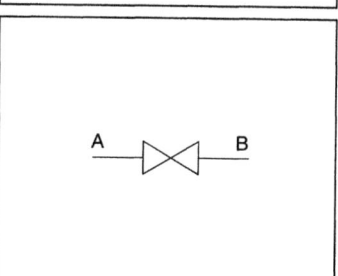

Absperrventile werden durch zwei gegeneinander gerichtete Dreiecke in Schaltplänen symbolisiert. Bei diesen Ventilen kann der Öffnungsquerschnitt über einen Handhebel kontinuierlich von ganz geschlossen bis ganz geöffnet eingestellt werden. Aus diesem Grunde lassen sich Absperrventile auch als einstellbare Stromsteuerventile einsetzen.

Absperrventil

Schaltzeichen und Symbole   Festo Didactic

2.6 Zylinder

Bei Zylindern unterscheidet man zwischen einfachwirkendem Zylinder und doppeltwirkendem Zylinder.

Einfachwirkender Zylinder

Einfachwirkende Zylinder haben nur einen Anschluß, und nur eine Kolbenfläche wird mit Druckflüssigkeit beaufschlagt. Sie können nur in einer Richtung Arbeit leisten. Die Rückstellung erfolgt bei diesen Zylindern entweder durch äußere Krafteinwirkung – dies wird im Symbol durch den offenen Lagerdeckel gekennzeichnet – oder durch eine Feder. Die Feder wird dann in das Symbol eingezeichnet.

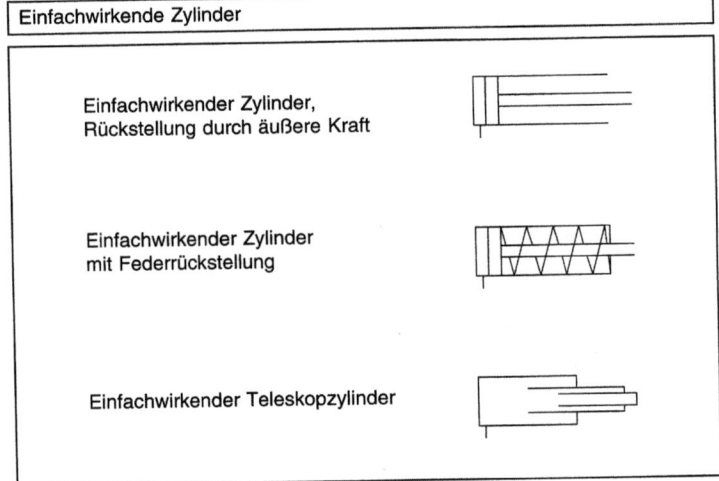

Doppeltwirkender Zylinder

Doppeltwirkende Zylinder haben zwei Anschlüsse für die Beaufschlagung der beiden Zylinderräume mit Druckflüssigkeit.

- Dem Symbol für den doppeltwirkenden Zylinder mit einfacher Kolbenstange ist zu entnehmen, daß die Kolbenfläche größer als die Kolbenringfläche ist.

- Beim Differentialzylinder beträgt das Verhältnis von Kolben- zu Kolbenringfläche 2 : 1. Der Differentialzylinder wird im Symbol durch zwei Striche gekennzeichnet, die an der Kolbenstange angesetzt sind.

- Beim Zylinder mit beidseitiger Kolbenstange ist am Symbol zu erkennen, daß beide Kolbenflächen die gleiche Größe haben (Gleichgangzylinder).

Schaltzeichen und Symbole   Festo Didactic

- Doppeltwirkende Teleskopzylinder werden, wie die einfachwirkenden, im Symbol durch ineinander angeordnete Kolben gekennzeichnet.
- Für den doppeltwirkenden Zylinder mit Endlagendämpfung wird der Dämpfungskolben im Symbol durch ein Rechteck angedeutet.
- Der schräg nach oben verlaufende Pfeil im Symbol kennzeichnet die Einstellbarkeit der Dämpfung.

Doppeltwirkende Zylinder	
Doppeltwirkender Zylinder mit einfacher Kolbenstange	
Differentialzylinder	
Doppeltwirkender Zylinder mit beidseitiger Kolbenstange	
Doppeltwirkender Teleskopzylinder	
Doppeltwirkender Zylinder mit einfacher Endlagendämpfung	
Doppeltwirkender Zylinder mit beidseitiger Endlagendämpfung	
Doppeltwirkender Zylinder mit beidseitiger, einstellbarer Endlagendämpfung	

2.7 Energieübertragung und -aufbereitung

Für die Energieübertragung und die 5Druckmittelaufbereitung werden in den Schaltplänen folgende Symbole verwendet:

Energieübertragung und -aufbereitung	
Druckquelle, hydraulisch	⊙→
Elektromotor	(M)=
Wärmekraftmaschine	M =
Druck-, Arbeits-, Rücklaufleitung	———
Steuerleitung	– – – –
Abfluß- oder Leckleitung	- - - - -
flexible Leitung	⌣
Leitungsverbindung	┼ ┼
gekreuzte Leitungen	┼ ⤻
Entlüftung	⌒•
Schnellkupplung, verbunden mit mech. öffnenden Rückschlagventilen	–⟩⊢⟨–
Behälter	⌴
Filter	◇
Kühler	◇
Heizung	◇

Schaltzeichen und Symbole — Festo Didactic

In den Schaltplänen werden Meßinstrumente durch folgende Symbole verdeutlicht:

2.8 Meßgeräte

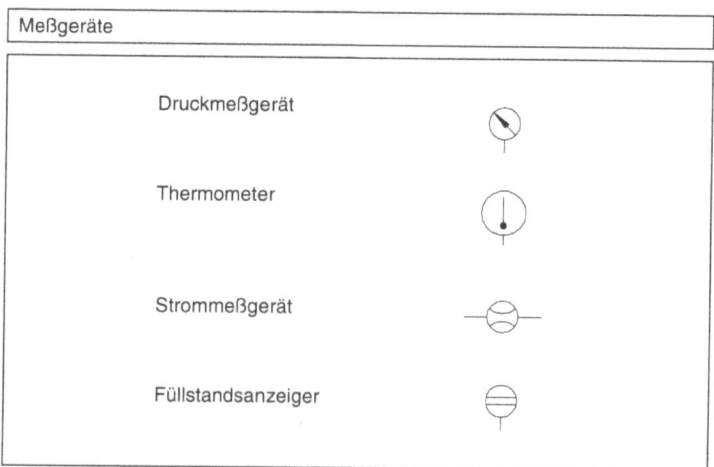

Sind mehrere Geräte in einem Gehäuse zusammengefaßt, wird um die Symbole der Einzelgeräte ein strichpunktierter Kasten gezeichnet, aus dem die Anschlüsse herauszuführen sind.

2.9 Gerätekombinationen

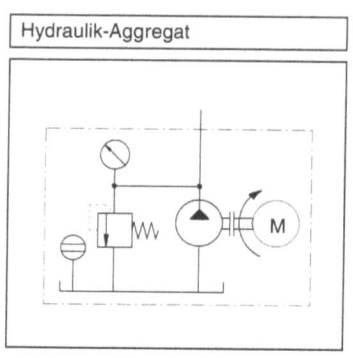
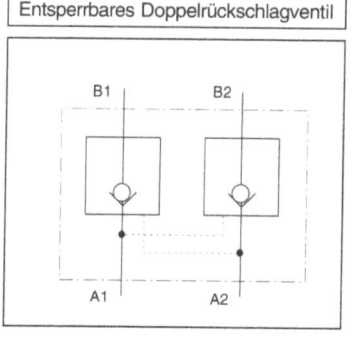

In den Schaltplänen dieses Buches werden folgende elektrische Symbole verwendet:

2.10 Elektrische Schaltzeichen

Schaltglieder werden nach ihren Grundfunktionen in Schließer, Öffner und Wechsler unterteilt. Die folgende Darstellung zeigt die für die Lösung der Aufgaben notwendigen Symbole. Die vollständige Auflistung der graphischen Symbole für Schaltungsunterlagen finden Sie in DIN 40 900, Teil 7.

Schaltglieder

Schaltzeichen und Symbole Festo Didactic

Elektromechanische Schaltelemente

Elektromechanische Schaltelemente können z.B. zur Ansteuerung von Elektromotoren oder Hydraulikventilen verwendet werden. Die Symbole der wichtigsten Bauarten zeigt die folgende Übersicht.

Elektrische Schaltzeichen, allgemein	
Gleichspannung, Gleichstrom	—
Wechselspannung, Wechselstrom	∿
Gleichrichter (Netzanschlußgerät)	
Dauermagnet	
Widerstand, allgemein	
Spule (Induktivität)	
Leuchtmelder	⊗
Kondensator	⊣⊢
Erdung, allgemein	⏚

Näherungsschalter

Näherungsschalter reagieren auf die Annäherung eines Gegenstandes mit Änderung des elektrischen Ausgangssignals. Sie werden durch ein Blocksymbol dargestellt, in dem zusätzlich die Wirkungsweise des Näherungsschalters angegeben werden kann.

Schaltzeichen und Symbole Festo Didactic

Schaltglieder

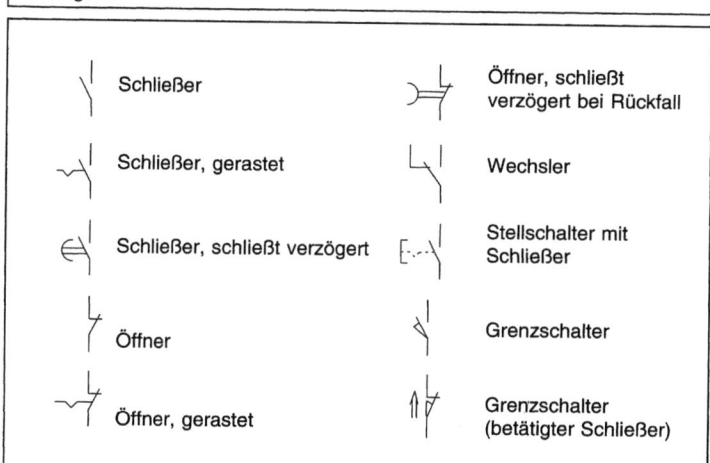

Elektromechanische Schaltelemente

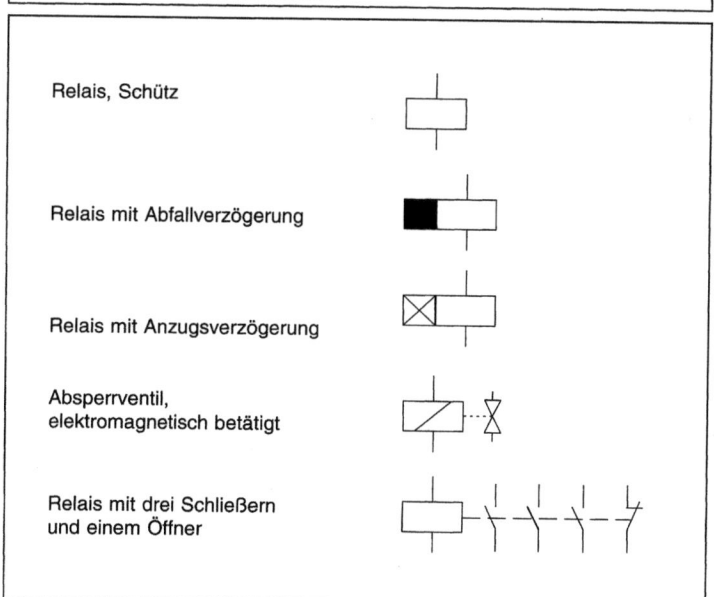

Schaltzeichen und Symbole Festo Didactic

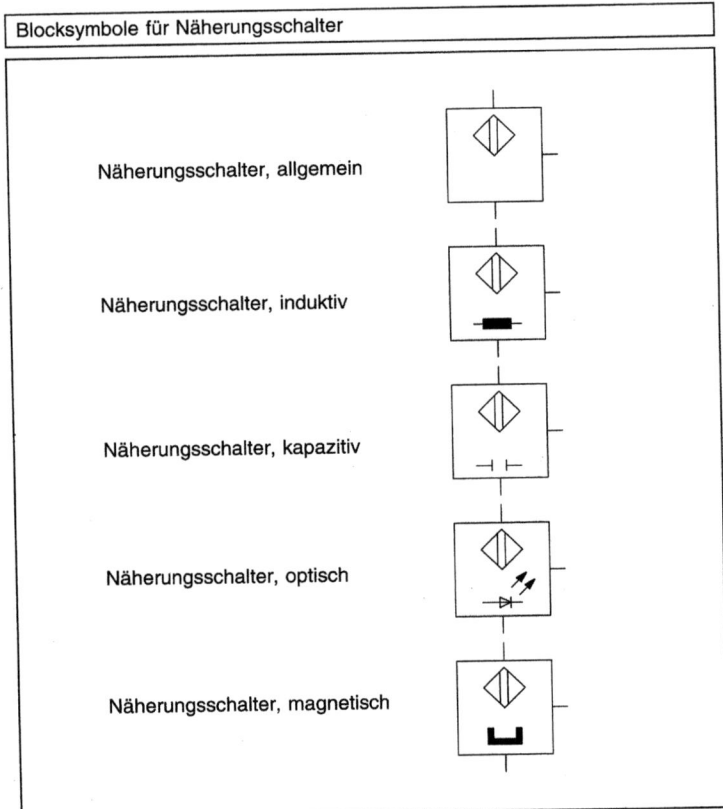

Kapitel 3

Elektrohydraulische Steuerung

Elektrohydraulische Steuerung   Festo Didactic

3.1 Hydraulischer Schaltplan

Der hydraulische Schaltplan gibt den Aufbau des Leistungsteils einer elektrohydraulischen Anlage wieder. Er zeigt mit Hilfe von Symbolen und Bildzeichen, wie die einzelnen Bauelemente miteinander verbunden sind.

Um den Schaltplan übersichtlich gestalten zu können, bleibt die räumliche Anordnung der Bauelemente unberücksichtigt. Die Bauelemente werden stattdessen in Richtung des Energieflusses angeordnet. Die räumliche Anordnung wird in einem separaten Lageplan dargestellt. Wegeventile sollten möglichst waagrecht gezeichnet werden, Leitungen geradlinig und kreuzungsfrei.

Energiefluß im Hydaulikschaltplan
Antriebsteil
↑
Energiesteuerteil
↑
Energieversorgungsteil (alle Bauelemente oder das Energiequellensymbol)

Der Hydraulikschaltplan für eine elektrohydraulische Anlage ist in der folgenden Stellung zu zeichnen:

- Die hydraulische Energie ist zugeschaltet.
- Die elektrische Energie ist abgeschaltet.

Das bedeutet:

- Elektrisch angesteuerte Ventile befinden sich in Ruhestellung, die Ventile sind nicht betätigt.
- Zylinder und Arbeitselemente nehmen die Stellung ein, die sich ergibt, wenn sich alle elektrisch angesteuerten Ventile in Ruhestellung befinden und das System gleichzeitig mit Druck beaufschlagt ist.

Achtung:

- Von Hand angesteuerte Hydraulikanlagen werden in der Ausgangsstellung (drucklos) gezeichnet. Die Bauglieder befinden sich dann in dem für den Beginn des Arbeitsablaufes erforderlichen Zustand.
- Der Zustand, in dem der hydraulische Schaltplan einer elektrohydraulischen Anlage gezeichnet wird, entspricht hingegen meistens nicht der Ausgangsstellung!

Elektrohydraulische Steuerung | Festo Didactic

Liegt eine umfangreiche Steuerung mit mehreren Arbeitselementen vor, so sollte diese in einzelne Steuerketten aufgeteilt werden.

Steuerkette

- Ein Arbeitselement und der zugehörige Energiesteuerteil bilden eine Steuerkette.
- Komplexe Steuerungen bestehen aus mehreren Steuerketten. Diese sind im Schaltplan nebeneinander anzuordnen und mit einer Ordnungszahl zu kennzeichnen.
- Diese Ketten sollten möglichst in der Reihenfolge des Bewegungsablaufs nebeneinander gezeichnet werden.

Steuerkette

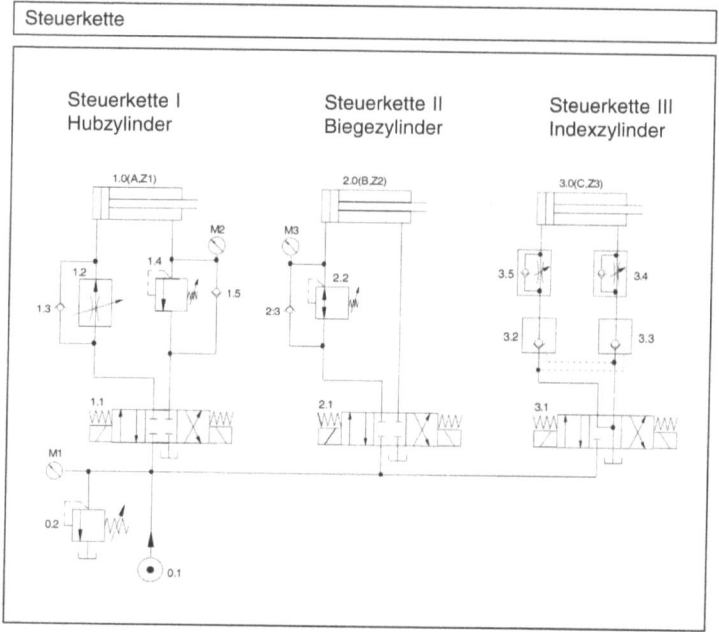

Elektrohydraulische Steuerung   **Festo Didactic**

Bezeichnung der Bauelemente im hydraulischen Schaltplan mit Ziffern

Die Bauelemente in hydraulischen Schaltplänen werden in diesem Lehrbuch mit Ziffern bezeichnet. Die Bezeichnung setzt sich zusammen aus einer Gruppennummer und einer Gerätenummer.

Die verschiedenen Steuerketten werden fortlaufend mit den Ordnungszahlen 1, 2, 3, usw. numeriert. Der Energieversorgungsteil ist keiner Steuerkette zuordenbar, weil er für mehrere Steuerketten zuständig ist. Aus diesem Grunde wird er immer mit der Ordnungszahl Null bezeichnet.

Gruppeneinteilung

Gruppe 0	Sämtliche Elemente der Energieversorgung
Gruppe 1, 2, 3 ...	Bezeichnung der einzelnen Steuerketten (Pro Zylinder normalerweise eine Gruppennummer)

Jedes Bauelement einer Steuerkette ist mit einer Gerätenummer zu kennzeichnen, die sich aus der Ordnungszahl der Steuerkette und einer Kennziffer zusammensetzt.

Gerätenumerierung

.0	Arbeitselement, z.B. 1.0, 2.0
.1	Stellglieder, z.B. 1.1, 2.1
.2, .4	Gerade Zahlen: alle Elemente, die den Vorlauf beeinflussen, z.B. 1.2, 2.4
.3, .5	Ungerade Zahlen: alle Elemente, die den Rücklauf beeinflussen, z.B. 1.3, 2.3
.01, .02	Elemente zwischen Stellglied und Arbeitselement, z.B. Drosselventil, z.B. 1.01, 1.02

Dieses Bezeichnungssystem mit Gruppen- und Gerätenummern hat in der Praxis den Vorteil, daß das Wartungspersonal die Auswirkung eines Signals an der Nummer des jeweiligen Elements erkennen kann. Wird z.B. eine Störung am Zylinder 2.0 festgestellt, so kann davon ausgegangen werden, daß die Ursache in der 2. Gruppe und damit an Elementen zu suchen ist, die als erste Ziffer eine 2 haben.

Elektrohydraulische Steuerung   Festo Didactic

Umfassende Informationen über die Gestaltung von hydraulischen Schaltplänen gibt die DIN 24347. Hier werden Musterschaltpläne mit den Kennzeichnungen der Geräte und Leitungen beispielhaft dargestellt. Die Zuordnung zwischen Kennziffern und Geräten oder Stellgliedern wird in dieser Norm nicht beschrieben.

Bezeichnung der Bauelemente im hydraulischen Schaltplan mit Buchstaben

Die Norm erlaubt es, Bauelemente des Antriebsteils zusätzlich durch Buchstaben zu kennzeichnen. Hydraulikzylinder werden beispielsweise mit Z oder HZ (Z1, Z2, Z3 usw.) oder in alphabetischer Reihenfolge mit A, B, C usw. bezeichnet, Hydromotoren mit HM oder M.

Als Ergänzung können im Hydraulikschaltplan auch Angaben über Pumpen, Druckventile, Druckmeßgeräte, Zylinder, Hydromotoren, Rohre und Schlauchleitungen stehen.

Zu jedem Schaltplan einer hydraulischen Anlage gehört außerdem eine Stückliste. Der Aufbau dieser Stückliste wird in DIN 24347 ebenfalls beschrieben.

Stückliste

Formular für eine Stückliste				
Pos.	Stück	Benennung	Typ- und Normenbezeichnung	Hersteller/Lieferant
		Fabrikat	Gez.	Besteller	Gruppe 03	Blatt 4	v. Blatt 4
			Datum	Auftrags-Nr.			
		Typ	Geprüft		Zeichnungs-Nr.		
		Inventar-Nr.		Muster-Stückliste einer Hydroanlage			
Nr.	Änderung	Datum	Name				

31

Elektrohydraulische Steuerung   Festo Didactic

3.2 Elektrischer Schaltplan

Im elektrischen Schaltplan werden die Anschlüsse von Schaltgliedern mit einfachen Kontakten durch einstellige Zahlen bezeichnet.

Anschlußbezeichnungen für Schaltglieder

Den Öffnern werden die Funktionsziffern 1 und 2, den Schließern die Funktionsziffern 3 und 4 zugeordnet. Die Anschlüsse von Wechslern werden mit den Funktionsziffern 1, 2 und 4 bezeichnet. Ausführliche Erläuterungen sind in DIN EN 50 005 und DIN EN 50 011-13 dargestellt.

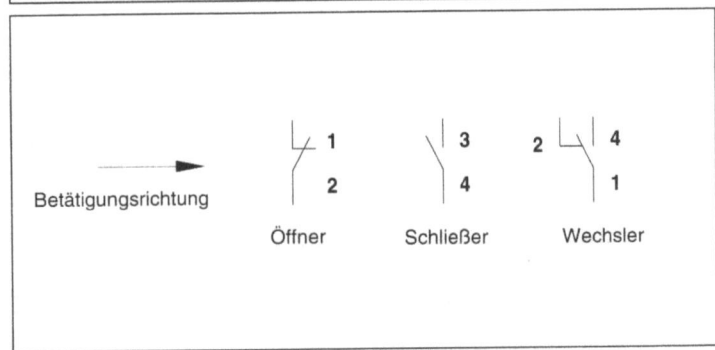

Anschlußbezeichnungen für Relais

Die Anschlüsse von Hilfsschaltgliedern (Relaiskontakte) werden durch zweiziffrige Zahlen bezeichnet:

- die erste Ziffer ist die Ordnungsziffer,
- die zweite Ziffer ist die Funktionsziffer.

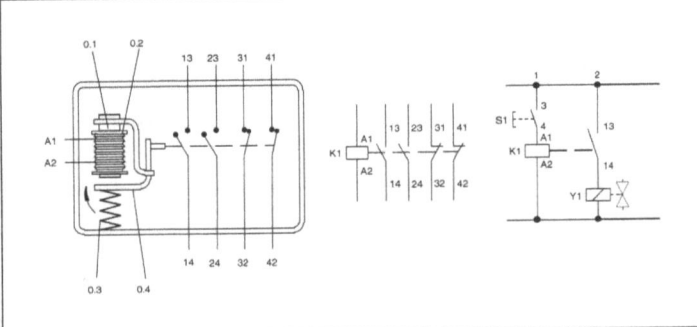

In den Schaltplänen werden die Relaisspulen mit K und einer fortlaufenden Nummer bezeichnet, z.B. K1, K2 usw. Die Spulenanschlüsse werden mit A1 und A2 bezeichnet.

Elektrohydraulische Steuerung — Festo Didactic

Ansteuerung einer Magnetspule

Die Magnetspule der Ventile bildet die Schnittstelle zwischen hydraulischem Leistungsteil und elektrischem Signalteil. Wie diese Magnetspulen angesteuert werden, kann dem elektrischen Schaltplan – dem sogenannten Stromlaufplan – entnommen werden.

Schaltungstechnisch besteht die Möglichkeit, die Magnetspulen der Ventile direkt über einen Schalter mit Spannung zu versorgen oder indirekt über Relais. Man unterscheidet bei der indirekten Ansteuerung zwischen dem Steuerstromkreis (Beschaltung der Relais) und dem Hauptstromkreis (Beschaltung der Ventilmagnete).

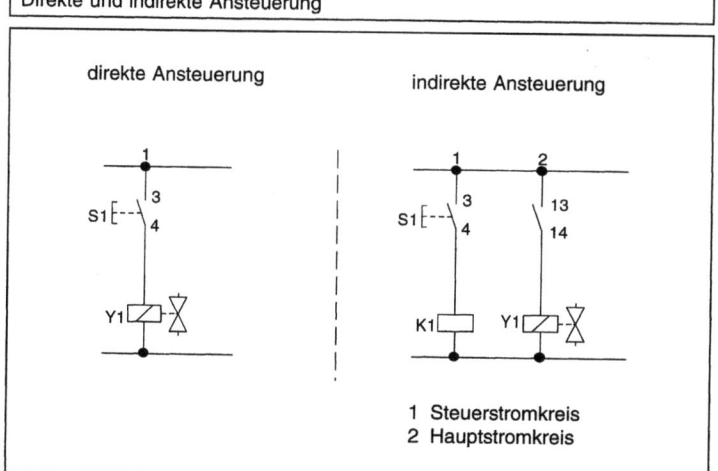

Direkte und indirekte Ansteuerung

Stromlaufplan

Der Stromlaufplan ist die ausführliche Darstellung einer Schaltung in Stromfaden mit Bauelementen, Leitungen und Verbindungsstellen. Die räumliche Lage und die mechanischen Zusammenhänge der einzelnen Teile und Geräte bleiben dabei unberücksichtigt.

Um den Stromlaufplan bei ausgedehnten Anlagen nicht zu umfangreich werden zu lassen, sollte eine sinnvolle Aufteilung in kleinere Stromlaufpläne vorgenommen werden. Beispielsweise bietet sich eine Aufteilung nach Arbeitselementen (Zylinder 1, Zylinder 2, ...), nach Anlagenteilen (Zustellschlitten, Bohreinheit, ...) oder nach Funktionen (Eilgang, Vorschub, NOT-AUS, ...) an.

Der Stromlaufplan enthält waagrecht angeordnete Potentiallinien und senkrecht verlaufende, von links nach rechts durchnumerierte Strompfade. Alle Schaltelemente werden stets im spannungslosen Zustand dargestellt und sind in Stromwegrichtung, also senkrecht, anzuordnen. Sind abweichende Darstellungen unvermeidlich, muß dies unbedingt im Stromlaufplan vermerkt werden.

Elektrohydraulische Steuerung Festo Didactic

Verwendete Geräte müssen einheitlich nach DIN 40719 gekennzeichnet sein.
Die Klemmenbezeichnungen stehen auf der rechten Seite des Schaltzeichens,
die Gerätebezeichnungen auf der linken.

Beispiel für einen Stromlaufplan

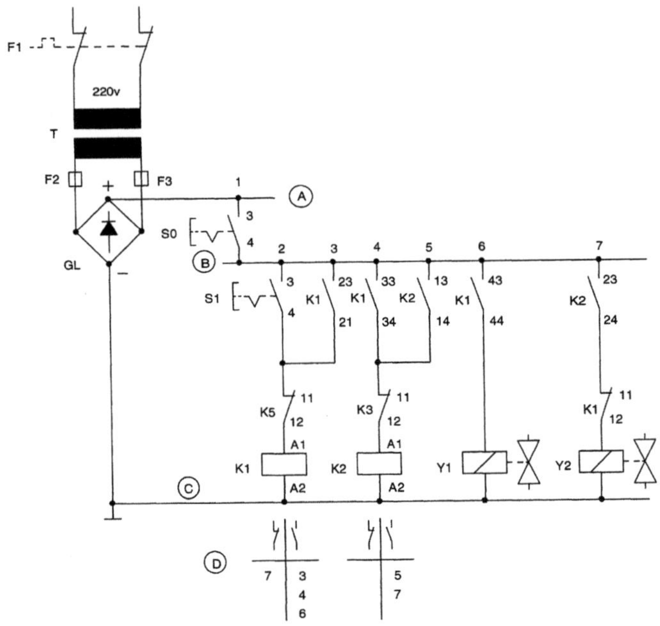

A	=	Steuerpotential
B	=	Steuerpotential mit Informationsgehalt
C	=	Fußpunktleiter
D	=	Schaltgliedertabelle mit Aufzählung in welchen Strompfaden weitere Öffner bzw. Schließer der Relais sind
F1	=	Thermoschutzschalter
T	=	Transformator
F2, F3	=	Sicherungen
GL	=	Gleichrichter
1, 2, 3	=	Strompfadnummer
K1	=	Relais oder Relaiskontakte
S0, S1	=	Schalter
Y1	=	Magnetspule

Elektrohydraulische Steuerung   Festo Didactic

Im elektrischen Schaltplan wird die Kontaktbelegung eines Relais in einer Schaltgliedertabelle dargestellt. Die Schaltgliedertabelle wird unter dem Strompfad angeordnet, in dem sich das Relais befindet. Öffner- und Schließerfunktion werden durch einen Kennbuchstaben oder durch das entsprechende Schaltsymbol gekennzeichnet. Die Zahlen unter dem Kontaktsymbol geben die Strompfadnummer an, in dem die Kontakte angeschlossen sind.

Schaltgliedertabelle

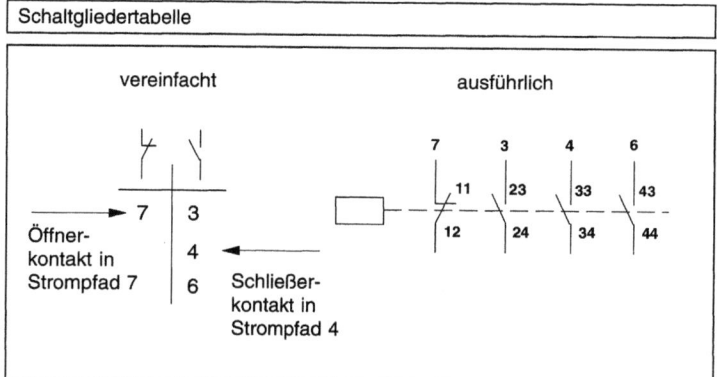

Die Funktionsfolgen von mechanischen, pneumatischen, hydraulischen und elektrischen Steuerungen werden in Diagrammen dargestellt.

3.3 Funktionsdiagramm

Im Weg-Schritt-Diagramm wird der Arbeitsablauf der Arbeitselemente dargestellt. Dabei wird in Abhängigkeit von den jeweiligen Schritten der zurückgelegte Weg aufgetragen. Ein Schritt bezeichnet in diesem Zusammenhang die Änderung des Zustandes eines Arbeitselementes. Sind in einer Steuerung mehrere Arbeitsglieder vorhanden, so werden diese in derselben Weise dargestellt und untereinander gezeichnet. Der Zusammenhang im Ablauf wird durch die Schritte hergestellt.

Weg-Schritt-Diagramm

Weg-Schritt-Diagramm

Zylinder A
1 (vorne)
0 (hinten)

1 2 3 4 5=1

Weg   Schritt →

35

Elektrohydraulische Steuerung   Festo Didactic

Weg-Zeit-Diagramm   Im Weg-Zeit-Diagramm wird der von einer Baueinheit zurückgelegte Weg in Abhängigkeit von der Zeit aufgetragen. Im Gegensatz zum Weg-Schritt-Diagramm wird die Zeit t im Maßstab aufgetragen und stellt die zeitliche Verbindung im Ablauf zwischen dem einzelnen Arbeitselement her. In diesem Fall läßt sich die unterschiedliche Dauer der einzelnen Schritte direkt aus dem Diagramm ablesen.

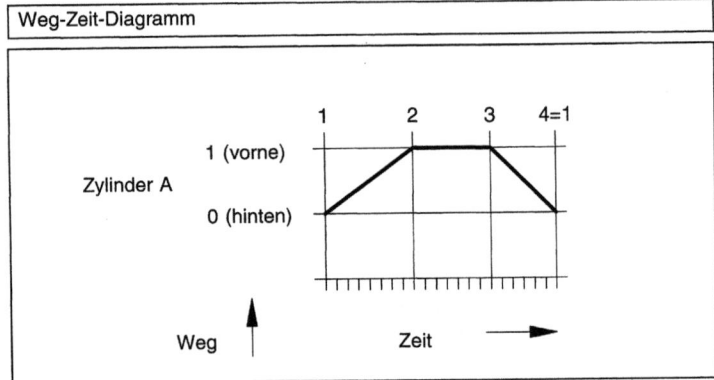

Steuerdiagramm   Im Steuerdiagramm werden die Schaltzustände der Signaleingabeelemente und der Signalverarbeitungselemente über den Schritten eingetragen. Die Schaltzeiten sind wesentlich kürzer als die Verfahrzeiten der Antriebselemente. Sie werden deshalb im Diagramm nicht berücksichtigt, d.h. die Signalflanken sind senkrecht. Es empfiehlt sich, das Steuerdiagramm in Verbindung mit dem Weg-Schritt-Diagramm zu erstellen.

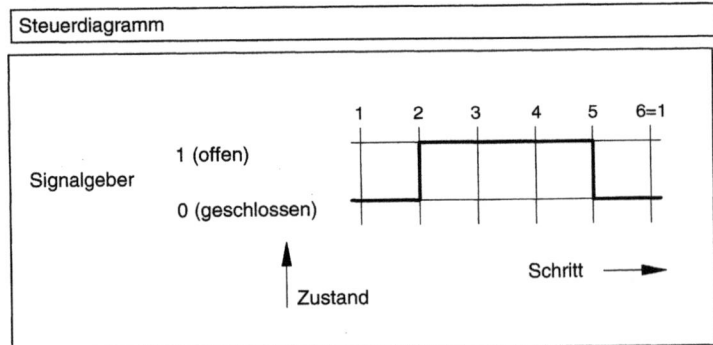

Elektrohydraulische Steuerung Festo Didactic

Im Funktionsdiagramm nach VDI 3260 werden Funktionsdiagramm
- die Steuerdiagramme für sämtliche Signaleingabe- und Signalverarbeitungselemente sowie
- die Weg-Zeit- bzw. die Weg-Schritt-Diagramme für sämtliche Arbeitselemente

untereinander eingezeichnet. Das Funktionsdiagramm vermittelt deshalb eine gute Übersicht über den Arbeitsablauf einer kompletten elektrohydraulischen Anlage.

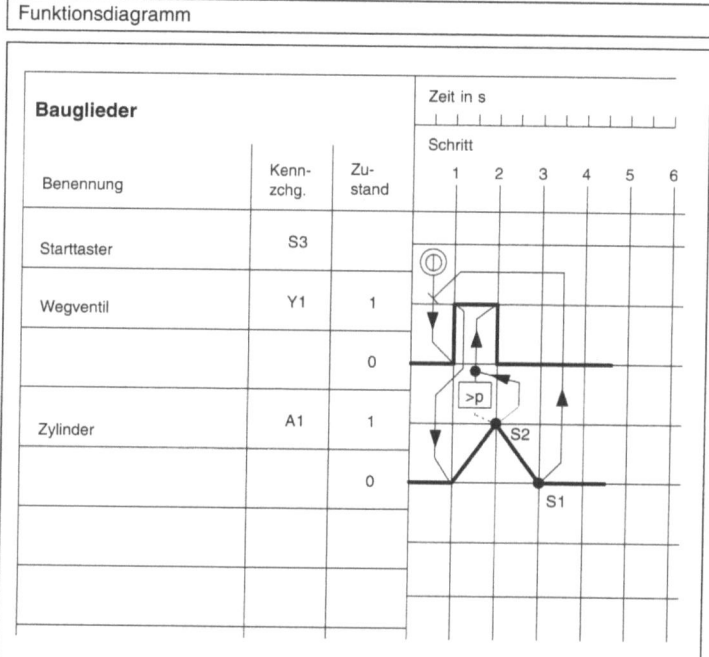

Zusätzlich enthält das Funktionsdiagramm Angaben darüber,
- an welcher Stelle die Signale von Stellschaltern, Tastern, Grenztastern, Druckschaltern usw. in den Arbeitsablauf eingreifen
- und wie sich die Signaleingabe-, Signalverarbeitungs- und Arbeitselemente gegenseitig beeinflussen.

Die für die Elektrohydraulik wichtigsten Signalglieder und Formen der Signalverknüpfung sind in den beiden folgenden Abbildungen dargestellt. Eine vollständige Auflistung findet sich in der Richtlinie VDI 3260.

Elektrohydraulische Steuerung — Festo Didactic

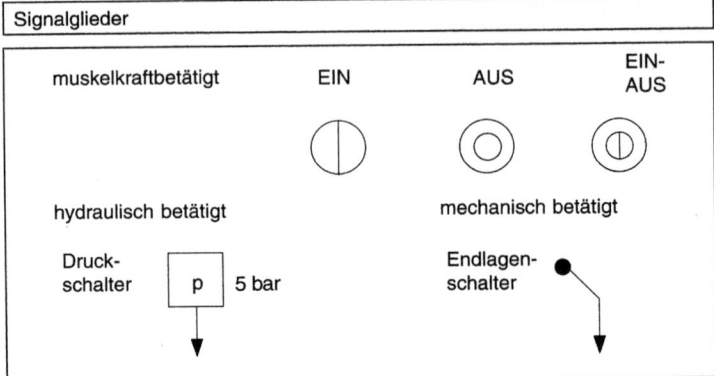

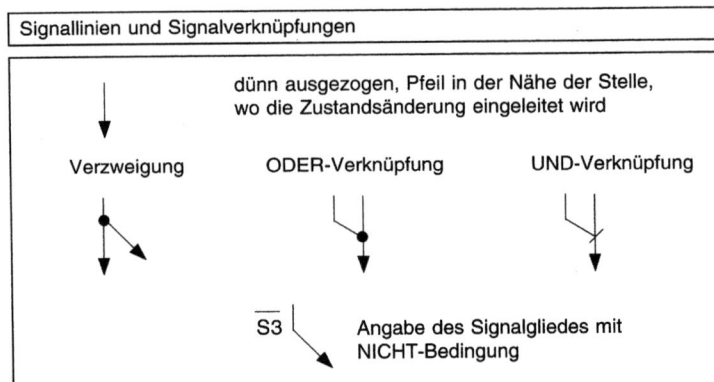

Wie ein Funktionsdiagramm zu lesen ist, soll am Beispiel des auf der vorigen Seite dargestellten Funktionsdiagramms verdeutlicht werden.

- Sobald der Starttaster betätigt wird und die Kolbenstange des Zylinders sich in der hinteren Endlage (Stellung 0) befindet (Grenztaster S1 betätigt), wird das Wegeventil umgeschaltet.

- Die Kolbenstange des Zylinders fährt aus.

- Sobald die Kolbenstange die vordere Endlage erreicht hat (Grenztaster S2 betätigt) oder der Druckschalter betätigt wurde, wird das Wegeventil wieder zurückgeschaltet.

- Die Kolbenstange des Zylinders fährt wieder ein.

- Bei erneuter Betätigung des Starttasters beginnt der Arbeitszyklus wieder von vorn.

Elektrohydraulische Steuerung   **Festo Didactic**

Wie kommt man ausgehend von der Steuerungsaufgabe zur aufgebauten elektrohydraulischen Anlage?

Zur Lösung dieser Aufgabe hat es sich bewährt, in 4 Schritten vorzugehen.

3.4 Vorgehensweise beim Aufbau einer elektrohydraulischen Anlage

Vorgehensweise beim Aufbau einer elektrohydraulischen Anlage

```
           Steuerungsaufgabe
                  │
   1. Schritt     ▽
         ┌─────────────────┐
         │ Vorüberlegungen │
         └─────────────────┘
                  │
   2. Schritt     ▽
         ┌─────────────────────┐
         │ Gedankliche Umsetzung│
         └─────────────────────┘
                  │
   3. Schritt     ▽
         ┌─────────────────┐
         │ Anlage aufbauen │
         └─────────────────┘
                  │
   4. Schritt     ▽
         ┌─────────────────┐
         │   Inbetriebnahme│
         │   der Anlage    │
         └─────────────────┘
                  │
                  ▽
             Erkenntnisse
```

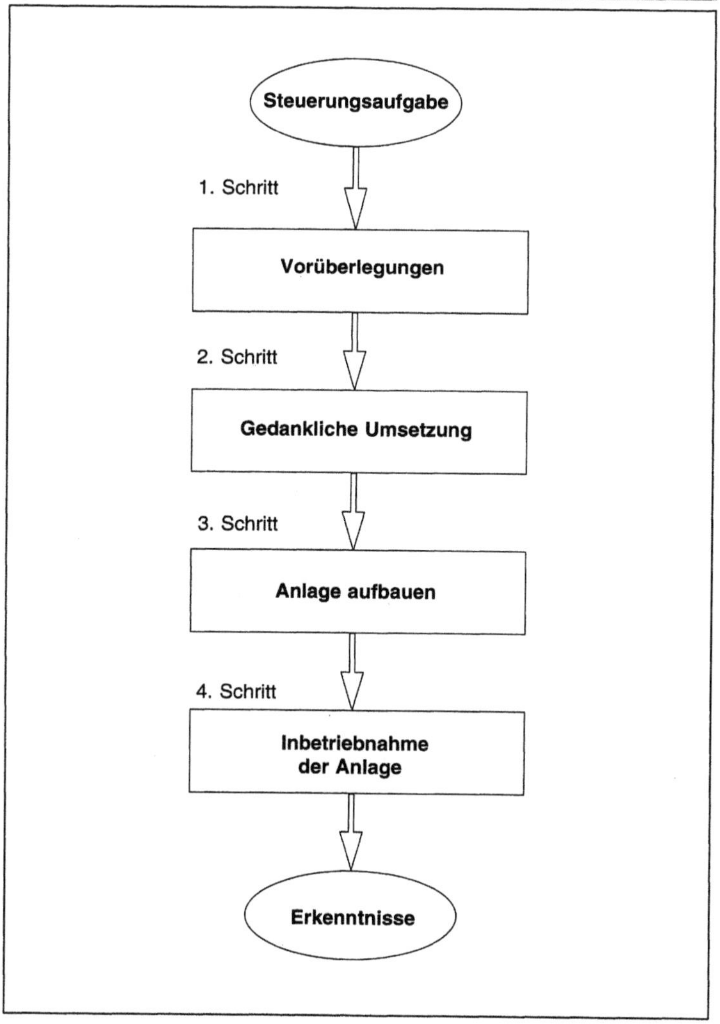

Elektrohydraulische Steuerung   Festo Didactic

Schritt 1:
Vorüberlegungen

Zunächst ist zu klären, welche Funktionen die Steuerung erfüllen soll.

Die genaue Kenntnis dieser Sachverhalte ist Voraussetzung dafür, daß die Steuerung realisiert und auf ihre Funktionsfähigkeit überprüft werden kann.

Im 1. Schritt sind die Anforderungen an das Bewegungsverhalten der Antriebsglieder festzulegen:

- Um welche Bewegungsart – lineare oder rotierende Bewegung – handelt es sich?
- Wieviele verschiedene Bewegungen sind zu erbringen, d.h. wieviele Arbeitselemente sind einzusetzen?
- Wie wirken die Bewegungen zusammen?

Wenn klar ist, welche Bewegungen erzeugt werden müssen, ist die Dimensionierung der Anlage festzulegen. Ausgehend vom Verbraucher (Arbeitselement) wird rückwärts zur Energieversorgungseinheit gerechnet, um die erforderlichen Kräfte bzw. Momente, Geschwindigkeiten bzw. Drehzahlen, Volumenströme und Drücke zu ermitteln.

Anschließend können die hydraulischen und elektrischen Komponenten für die Steuerung ausgewählt werden.

Schritt 2:
Gedankliche Umsetzung
Erstellen der graphischen Diagramme

Im 2. Schritt sind die Diagramme, Schaltpläne und Stücklisten zu erstellen.

Als erstes werden die graphischen Diagramme gezeichnet, um die Bewegungsabläufe übersichtlich darzustellen.

- Das Weg-Schritt-Diagramm zeigt den Ablauf der Arbeitselemente in Abhängigkeit des jeweiligen Schrittes.
- Beim Weg-Zeit-Diagramm wird der Weg der Arbeitselemente in Abhängigkeit von der Zeit aufgetragen.
- Das Funktionsdiagramm nach VDI-Richtlinie 3260 stellt die Funktionsfolgen von Steuerungen dar.

Erstellen der Schaltpläne

Als nächstes ist nun der elektrische und der hydraulische Schaltplan zu erstellen. Bei der Erstellung dieser Schaltpläne sind die in Kapitel A2 behandelten Symbole für die elektrischen und hydraulischen Bauelemente zu verwenden, und die in diesem Kapitel beschriebenen Hinweise zum Zeichnen der Schaltpläne zu berücksichtigen.

Liegen der elektrische und der hydraulische Schaltplan vor, müssen sie überprüft werden. Dabei ist sicherzustellen, daß die in den Schaltplänen dargestellte Steuerung die in der Aufgabe geforderten Funktionen erfüllt.

Elektrohydraulische Steuerung   **Festo Didactic**

Bevor man die Steuerung aufbauen kann, werden die Schaltpläne durch Meßgeräte (je nach Aufgabenstellung), durch technische Angaben zu den Geräten und durch Gerätenummern ergänzt. Zusätzlich müssen die Einstellwerte der Geräte in die Schaltpläne eingetragen werden.

Ergänzen der Schaltpläne um gerätetechnische Angaben

Danach ist die Stückliste zu erstellen. In dieser Liste werden alle für den praktischen Aufbau benötigten Geräte mit folgenden Angaben zusammengefaßt:

Zusammenstellen der Stückliste

- Positionsnummer
- Stückzahl
- Benennung

Beim praktischen Aufbau der Anlage sollte systematisch vorgegangen werden, damit möglichst wenig Fehler auftreten:

Schritt 3:
Anlage aufbauen

- Sicherheitsvorschriften beachten (siehe Kapitel B4),
- Schaltpläne bereitlegen,

- Geräte nach Stückliste bereitstellen,
- feste Reihenfolge beim Aufbau einhalten: im Signalsteuerteil von der Signaleingabe über die Signalverarbeitung und die Steuerenergieversorgung zum Energiesteuerteil; im hydraulischen Leistungsteil vom Energieversorgungsteil über den Energiesteuerteil zum Antriebsteil,
- Geräte, die bereits montiert sind, im Schaltplan schrittweise kennzeichnen,
- alle Geräte sowie Verrohrung, Verschlauchung und Verkabelung bezeichnen,
- Grundregeln für die Montage und die Verbindung von Bauelementen beachten.

Schritt 4:
Inbetriebnahme
der Anlage

Nachdem die Anlage aufgebaut ist, kann der praktische Funktionstest durchgeführt werden. Ist nicht nur die reine Funktion der Anlage zu testen, sondern sollen auch Betriebsbedingungen der Anlage erfaßt werden, sind die notwendigen Unterlagen (Wertetabellen, Diagramme) hierfür vorzubereiten.

Die Anlage sollte erst gestartet werden, nachdem der Aufbau sowie die Verbindungen der Bauelemente noch einmal überprüft worden sind.

Bei der Inbetriebnahme einer Anlage geht man zweckmäßigerweise in folgender Reihenfolge vor:

- Ölmenge kontrollieren, falls erforderlich mit der richtigen Ölsorte nachfüllen (maximaler Flüssigkeitsstand), dabei einen Filter verwenden, um evtl. Verunreinigungen herauszufiltern,
- Pumpe entlüften, dazu Pumpe mit Öl füllen,
- Drehrichtung des elektrischen Antriebsmotors prüfen,
- alle Ventile in Ausgangsstellung bringen,
- Druckventile und Stromventile auf möglichst kleinen Wert einstellen – dasselbe gilt für Druckregler von Verstellpumpen,
- gegebenenfalls Anlage mit einem Spülöl anfahren, danach die Filter erneuern,
- neues Öl einfüllen, Anlage nochmals entlüften,
- Flüssigkeitsstand kontrollieren,
- elektrische Verkabelung überprüfen,
- Klemmenbelegung der einzelnen Bauteile prüfen,
- erster Funktionstest mit reduziertem Druck und Volumenstrom,
- Einstellen der Betriebswerte, die in den Schaltplänen vorgegeben sind (Druck, Volumenstärke, elektrische Spannung).

Funktionstest

Danach kann mit dem Funktionstest und den Messungen begonnen werden. Während des Tests sind die geforderten Daten zu erfassen und in Tabellen einzutragen. Die Ergebnisse sind nach Abschluß des Tests auszuwerten, Erkenntnisse sollten formuliert werden. Es empfiehlt sich, ein Abnahmeprotokoll zu erstellen.

Kapitel 4

Ansteuerung eines einfachwirkenden Zylinders

Ansteuerung eines einfachwirkenden Zylinders — Festo Didactic

Vorbemerkung

Zur Lösung der nachfolgenden Übungen sind Grundkenntnisse über das Hydraulikaggregat notwendig. Es besteht aus Antriebsmotor, Hydraulikpumpe mit Ansaugfilter, Sicherheitsdruckbegrenzungsventil, Öltank und einem auf den erforderlichen Systemdruck einstellbares Druckbegrenzungsventil.

Hydroaggregat: Ausführliche und vereinfachte Darstellung

Eine ausführliche Beschreibung des Hydraulikaggregats findet sich im Lehrbuch "Hydraulik" (LB501) der Festo Didactic KG.

Ansteuerung eines einfachwirkenden Zylinders   Festo Didactic

Direkte Magnetventilansteuerung

4.1 Übung 1

Problemstellung

Beim Kaltwalzen von Blechen ist hinter der eigentlichen Umformeinheit eine Station zum Richten der kaltverformten Teile erforderlich. Dort wird jedes Blech durch das Eigengewicht einer Niederhalterwalze gerade gerichtet. Damit das ankommende Blech nicht mit der Niederhalterwalze kollidiert, ist diese mit einem einfachwirkenden Zylinder hochzuheben. Dieser Zylinder soll durch Betätigen einer Taste ausfahren und nach dem Loslassen der Taste durch das Gewicht der Walze zurückfahren.

Lageplan

Ansteuerung eines einfachwirkenden Zylinders Festo Didactic

Kenntnisvermittlung

Hydraulische Steuerung

In dieser Übung werden ein einfachwirkender Zylinder und ein magnetisch betätigtes 3/2-Wegeventil (3/2-Wege-Elektromagnetventil) eingesetzt.

Einfachwirkender Zylinder

Bei den einfachwirkenden Zylindern wird nur eine Kolbenseite mit Druckflüssigkeit beaufschlagt. Aus diesem Grund können solche Zylinder nur in einer Richtung Arbeit verrichten. Der in den Kolbenraum strömende Volumenstrom baut gegen äußere und innere Widerstände an der Kolbenfläche einen Druck auf. Die daraus resultierende Kraft bewegt den Kolben in die vordere Endlage. Der Rückhub erfolgt hier durch die äußere Gewichtsbelastung der Walze. Die Druckflüssigkeit wird aus dem Zylinder in den Tank zurückgeführt.

Wegeventil

Zur Ansteuerung eines solchen Zylinders wird hier ein 3/2-Wegeventil, magnetbetätigt und federrückgestellt, verwendet.

Ein 3/2-Wegeventil besitzt drei Anschlüsse:

- Druckanschluß (P)
- Tankanschluß (T)
- Arbeitsanschluß (A)

Es hat zwei Schaltstellungen:

- Ruhestellung:
  Rückfluß vom Kolbenraum des Zylinders zum Arbeitsanschluß (A) und dann in den Tank; der Druckanschluß (P) ist gesperrt.

- Schaltstellung:
  Durchfluß vom Druckanschluß (P) zum Arbeitsanschluß (A) und zum Kolbenraum des Zylinders; der Tankanschluß (T) ist gesperrt.

Elektrische Steuerung

Elektromagnete

Mit Hilfe eines Elektromagneten wird die Schaltstellung des Wegeventils geändert. Bei Anlegen der vorgegebenen Spannung an die Spule baut sich ein Magnetfeld auf. Die daraus entstehende Kraft am Anker drückt den Kolben des Wegeventiles gegen die Rückstellfeder und ändert dadurch die Schaltstellung. Beim Abschalten der Spannung bricht das Magnetfeld zusammen, und es wirkt keine Kraft mehr. Die Rückstellfelder bringt den Kolben wieder in Ruhestellung. Am häufigsten werden Hydraulikventile mit Magneten verwendeten, die für 24 V Gleichspannung ausgelegt sind.

| Ansteuerung eines einfachwirkenden Zylinders | Festo Didactic | |

Taster haben die Aufgabe, Kontakte zu betätigen. Die Kontakte können die Strompfade schließen, öffnen oder zwischen zwei Strompfaden wechseln. Nach Loslassen des Tasters wird der Kontakt durch Federkraft in die Ausgangsstellung zurückgesetzt. Der Taster nimmt nur bei Dauerbetätigung die gewünschte Schaltstellung ein.   Taster

Stellschalter besitzen im Gegensatz zu Tastern eine Rasterung. Die geschaltete Stellung bleibt dadurch erhalten, bis der Schalter erneut betätigt wird (Signalspeicherung).   Stellschalter

Im unbetätigten Zustand ist beim Schließerkontakt der Stromkreis offen. Durch Betätigung wird der Stromkreis geschlossen.   Kontakte

Beim Öffnerkontakt ist der Stromkreis in Ruhestellung geschlossen. Durch die Betätigung wird der Stromkreis unterbrochen.

Beim Wechslerkontakt sind die Funktionen "Schließen" und "Öffnen" in einem Gehäuse untergebracht. Durch die Betätigung der Taste wird der Kontakt des Öffners frei, und der Stromkreis wird unterbrochen. Gleichzeitig wird der Stromkreis am Schließerkontakt geschlossen.

Die Komponenten des Signalsteuerteils arbeiten üblicherweise mit 24 V Gleichspannung. Die Wechselspannung des elektrischen Netzes muß deshalb über ein Netzteil in Gleichspannung umgewandelt werden.   Netzteil

Das Symbol für ein Netzteil wird nur in dieser Übung im Schaltplan dargestellt. In den folgenden Übungen werden nur noch die Versorgungsschienen 24 V und 0 V gezeichnet.

Jede Maschine (-Steuerung) muß einen Hauptschalter haben, mit dem die gesamte elektrische Ausrüstung, z.B. während der Dauer von Reinigungs-, Wartungs-, Reparaturarbeiten und längeren Stillstandszeiten, abgeschaltet werden kann. Dieser muß handbetätigt sein und darf nur eine mit 0 und 1 gekennzeichnete Aus- und Einstellung mit Anschlägen haben. Die Aus-Stellung muß so verschließbar sein, daß Hand- und Ferneinschaltung verhindert werden (VDE 0113). Der Hauptschalter S0 ist in diesem Lehrbuch generell bei allen Schaltungen vorhanden. Seine Betätigung wird stillschweigend vorausgesetzt und deshalb von jetzt ab nicht mehr beschrieben.   Hauptschalter

Ansteuerung eines einfachwirkenden Zylinders   Festo Didactic

Durchführung der Übung
1. Schritt

Nachdem Sie die Kenntnisvermittlung und Kapitel 3 "Aufbau einer elektrohydraulischen Anlage" durchgearbeitet haben, vervollständigen Sie bitte den elektrischen und hydraulischen Schaltplan und bezeichnen Sie die Elemente mit Ziffern.

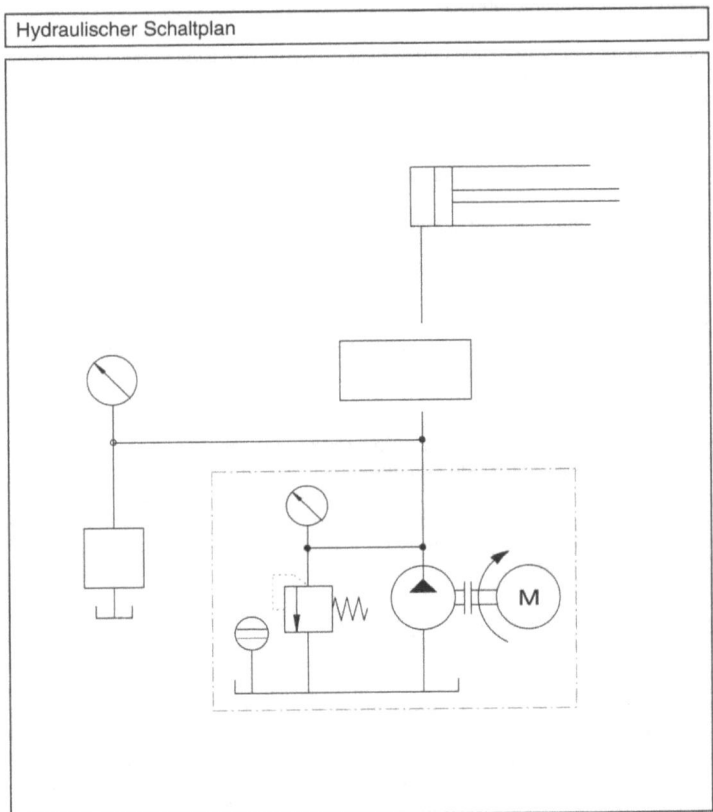

Hydraulischer Schaltplan

Ansteuerung eines einfachwirkenden Zylinders   **Festo Didactic**

Elektrischer Schaltplan

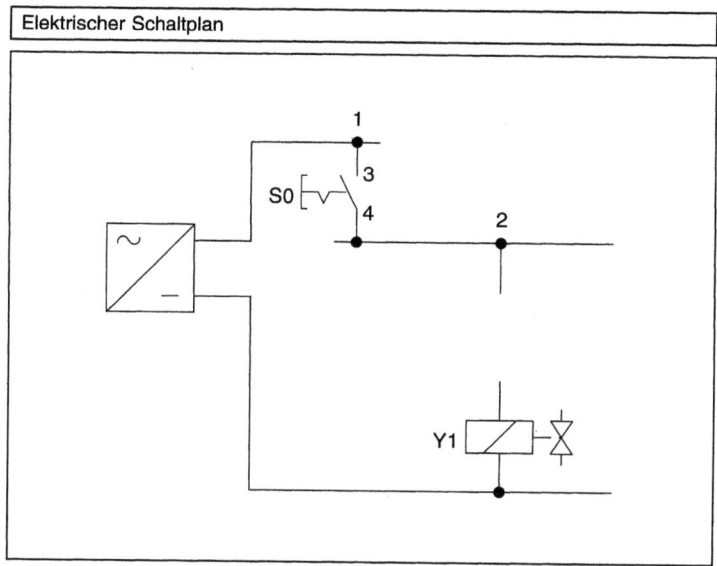

Bei der direkten Ansteuerung des Magnetventiles muß der Taster so dimensioniert sein, daß er auch im Dauerbetrieb keinen Schaden durch Erwärmung oder Kontaktabbrand nimmt.

2. Schritt

Unter der Voraussetzung, daß die Leistungsaufnahme des Magnetventils 31 Watt beträgt, ist ein Taster auszuwählen. In der folgenden Tabelle sind drei Taster mit unterschiedlicher Kontaktbelastbarkeit und unterschiedlichen Kontakten dargestellt. Wählen Sie den Taster aus, der ausreicht, den Strom für das Magnetventil zu schalten.

Tasterauswahl			
	1	2	3
Kontaktbelastbarkeit:	250 V~ 4 A 12 V– 0,2 A	220 V/110 V~ 1,5/2,5 A 24 V/12 V – 2,25/4,5 A	5 A/48 V~ 4 A/30 V–
Öffner: Schließer:	1 1	3 -	2 2

Ansteuerung eines einfachwirkenden Zylinders — **Festo Didactic**

4.2 Übung 2

Problemstellung

Indirekte Magnetventilansteuerung

Die direkte Ansteuerung des Magnetventils, wie sie in Übung 1 durchgeführt wurde, eignet sich nur bedingt für den Praxiseinsatz. Der relativ hohe Strom, der in der Spule des Magnetventils fließt, fließt auch durch Taster und Leitungen. Dies bedeutet, daß Kontakte und Leitungen für diese Belastung ausgelegt sein müssen.

Praxisgerechter ist es, wenn die Signaleingabe mit kleiner Leistung erfolgt, damit kleinere Kontakte und dünnere Leitungen verwendet werden können. Um den hohen Strom zur Ventilansteuerung aufzubringen, muß das Signal nun zwischenverstärkt werden. Dazu ist die elektrische Schaltung aus Übung 1 so abzuändern, daß der zu betätigende Starttaster ein Relais ansteuert und die Kontakte des Relais die Magnetspule des Ventils schalten.

Drosselung der Rückhubgeschwindigkeit

Bei der Schaltung von Übung 1 schlägt die Walze nach Loslassen des Tasters zu hart auf das Blech auf. Erweitern Sie deshalb den hydraulischen Schaltplan um ein Ventil, das den Volumenstrom beim Rückhub drosselt. Der Vorhub der Kolbenstange soll jedoch weiterhin mit unverminderter Geschwindigkeit erfolgen.

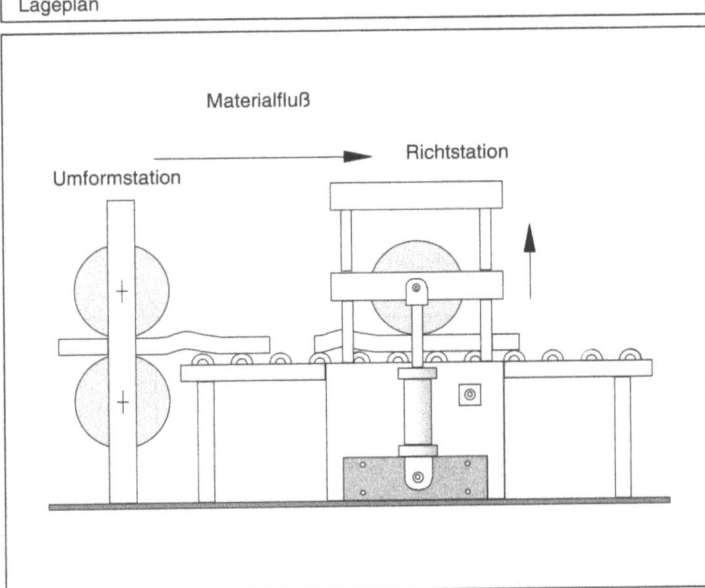

Lageplan

Ansteuerung eines einfachwirkenden Zylinders   Festo Didactic

Hydraulische Steuerung

Hydraulische Elemente, die den Volumenstrom beeinflussen, nennt man Stromventile. Für diesen Anwendungsfall genügt ein konstruktiv einfaches Ventil, das Drosselventil. Nur der Rückhub soll in dieser Übung gedrosselt erfolgen, der Vorhub bleibt ungedrosselt. Die Drosselstelle muß daher beim Vorhub mit einem Rückschlagventil umgangen werden. Drossel und Rückschlagventil gibt es in einer Einheit. Diese Ventileinheit wird Drosselrückschlagventil genannt.

Kenntnisvermittlung

Drosselrückschlagventil

Elektrische Steuerung

Elektromagnetische Schalter bestehen aus einem Elektromagneten, durch dessen beweglichen Anker je nach Baugröße eine bestimmte Anzahl von Kontakten (Kontaktsatz) betätigt werden. Bei Stromfluß durch die Spule bildet sich ein Magnetfeld, das den Anker schaltet. Bei Wegnahme des Stromes schaltet der Anker durch Federkraft in die Ausgangsstellung zurück. Die Kontake des Kontaktsatzes können als Schließer, Öffner oder Wechsler ausgeführt sein.

Elektromagnetische Schalter

Die elektromagnetischen Schalter werden in zwei Bauformen hergestellt:

- Das **Relais** besitzt einen Klappanker und eine einfache Kontakttrennung.

- Das **Schütz** besitzt einen Hubanker und eine doppelte Kontakttrennung. Sehr große Leistungen werden in der Regel mit Schützen geschaltet.

Die Kontakte werden am Eingang und am Ausgang mit einer Funktionsziffer bezeichnet (DIN EN 50 005 und DIN EN 50 011-13). Sind mehrere Kontakte vorhanden, wird dieser Ziffer eine Ordnungsziffer vorangestellt (siehe Kapitel 3.2).

Ansteuerung eines einfachwirkenden Zylinders Festo Didactic

Durchführung der Übung
1. Schritt

Wählen Sie ein geeignetes Stromventil aus, und zeichnen Sie den hydraulischen Schaltplan wie in der vorangegangenen Übung. Legen Sie fest, an welcher Stelle das Stromventil eingebaut werden kann.

Hydraulischer Schaltplan

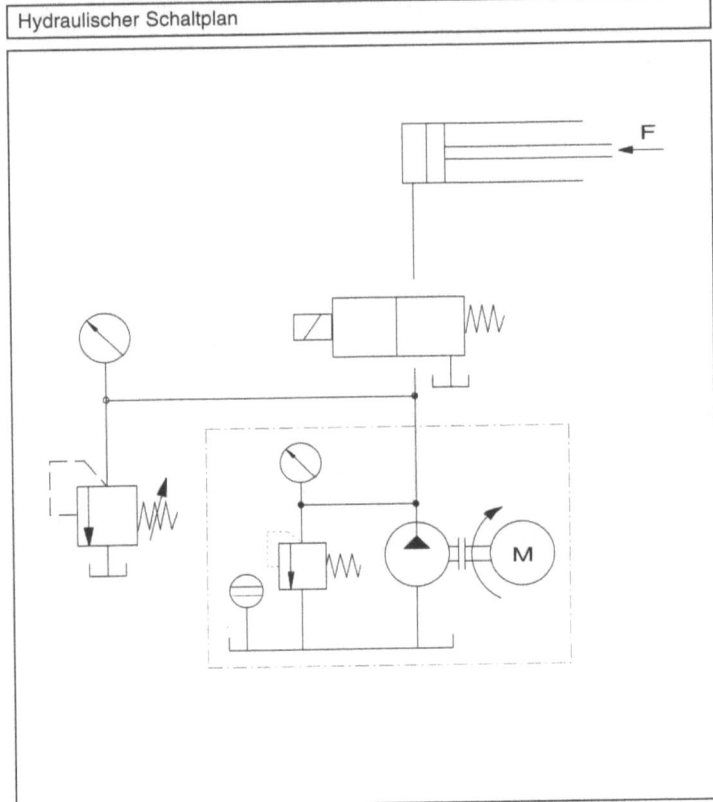

Ansteuerung eines einfachwirkenden Zylinders   **Festo Didactic**

Zeichnen Sie den elektrischen Schaltplan und kennzeichnen Sie den Steuer- und Hauptstromkreis. Beachten Sie, daß das Magnetventil laut Aufgabenstellung indirekt angesteuert wird.

2. Schritt

Elektrischer Schaltplan mit indirekter Ansteuerung

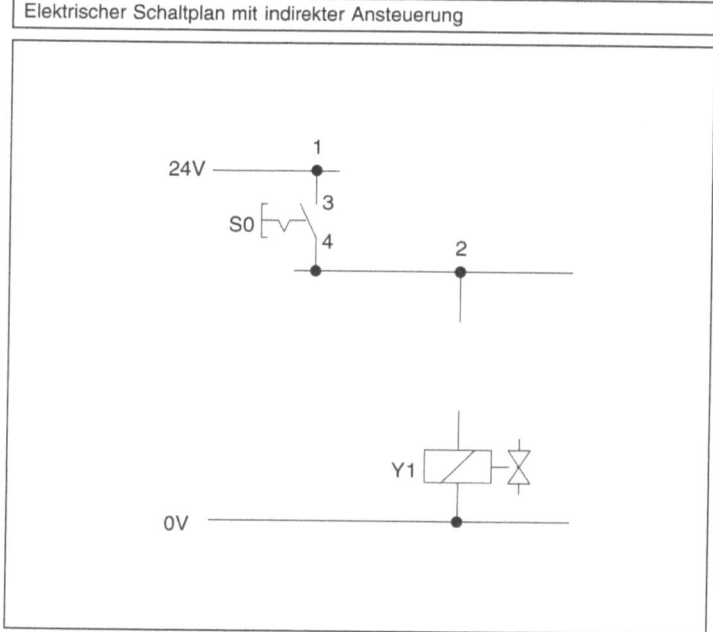

Ansteuerung eines einfachwirkenden Zylinders — Festo Didactic

4.3 Übung 3

Problemstellung

Boolesche Grundfunktionen

In einer Ziehpresse werden Wannen gezogen:

- In der Ausgangsstellung der Presse (I) ist der Pressenstößel eingefahren, d.h. oben. Das Ziehkissen wird von einem einfachwirkenden Zylinder bewegt und ist in der Ausgangsstellung ausgefahren.

- Ist die Platine eingelegt, wird der Arbeitsgang gestartet. Der Stößel fährt herab und prägt die Wanne (II). Das Ziehkissen wird zurückgedrückt, da die Kraft des Pressenstößels größer ist als die Kraft des Zylinders, der auf das Ziehkissen wirkt.

- Fährt der Stößel wieder nach oben, so bewegt der einfachwirkende Zylinder das Ziehkissen ebenfalls nach oben. Jetzt kann die fertige Wanne der Presse entnommen werden (III).

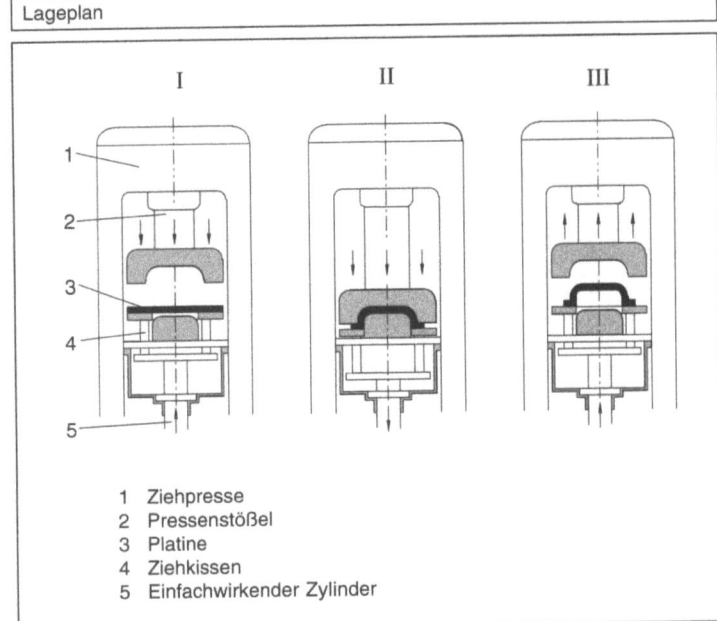

Lageplan

1 Ziehpresse
2 Pressenstößel
3 Platine
4 Ziehkissen
5 Einfachwirkender Zylinder

In dieser Übung wird nur die Ansteuerung des Ziehkissens betrachtet. Die Ansteuerung des Pressenstempels wird nicht berücksichtigt.

Ansteuerung eines einfachwirkenden Zylinders   **Festo Didactic**

Zu Einstellarbeiten muß das Ziehkissen, das in der Grundstellung ausgefahren ist, durch Dauerbetätigung eines Tasters eingefahren werden können. Das Ziehkissen (einfachwirkender Zylinder) wird mit einem 3/2-Wege-Magnetventil angesteuert. Da die ausgefahrene Kolbenstange durch Betätigung des Tasters einfährt, spricht man von Umkehrung bzw. Negation des Eingabesignals.

Ansteuerung des Ziehkissens

- Im ersten Teil der Übung soll die Umkehrung des Eingabesignals im hydraulischen Teil der Steuerung erfolgen. Das Ziehkissen soll in der Ausgangsstellung ausgefahren sein. Die Ruhestellung des Stellventiles muß entsprechend gewählt werden.

- Im zweiten Teil der Übung soll die Signalumkehrung elektrisch erfolgen. In diesem Fall wird ein 3/2-Wege-Magnetventil verwendet mit der Ruhestellung Anschluß P gesperrt und A nach T geöffnet.

Hydraulische Steuerung

Kenntnisvermittlung

Das Ziehkissen kann auch ohne die Kraft des Pressenstößels zurückgefahren werden. Hierfür wird der Druck an dem einfachwirkenden Zylinder abgeschaltet. Dann reicht das Gewicht des Ziehkissens aus, um die noch bestehende Reibkraft zu überwinden.

Soll, wie in dieser Übung gefordert, in der Grundstellung der Anlage zwangsweise eine bestimmte Endlage des Arbeitselementes erreicht werden, so werden Ventile mit Federrückstellung eingesetzt. Dadurch wird gewährleistet, daß der Zylinder beim Einschalten der Steuerung in der gewünschten Stellung bleibt oder diese einnimmt. Entsprechend der Aufgabenstellung muß die Ruhestellung des Ventils ausgewählt werden.

Da während des Prägevorganges die Kolbenstange des Ziehkissens durch die Presse zurückgedrückt wird, muß die Pumpe gegen das zurückfließende Öl mit einem Rückschlagventil geschützt werden. Das Öl fließt über das Druckbegrenzungsventil ab. Der Druck am Druckbegrenzungsventil wird nur so hoch eingestellt, daß das Ziehkissen gerade hochgedrückt und mit der Platine oben gehalten wird.

Ansteuerung eines einfachwirkenden Zylinders — Festo Didactic

Elektrische Steuerung

Logische Funktionen

Identität

In Übung 4.1 und 4.2 hatte das Eingangssignal des Tasters ein gleichsinniges Ausgangssignal zur Folge. Die entsprechende logische Funktion wird als Identität bezeichnet.

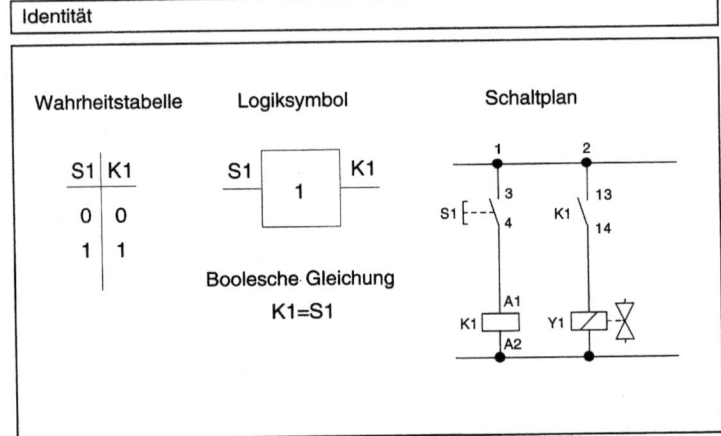

Ansteuerung eines einfachwirkenden Zylinders   **Festo Didactic**

In dieser Aufgabe wird die Umkehrung des Eingangssignals gefordert. Diese Funktion wird Negation genannt. Im Schaltzeichen wird die Negation durch ein Kreissymbol gekennzeichnet.

Negation

Negation

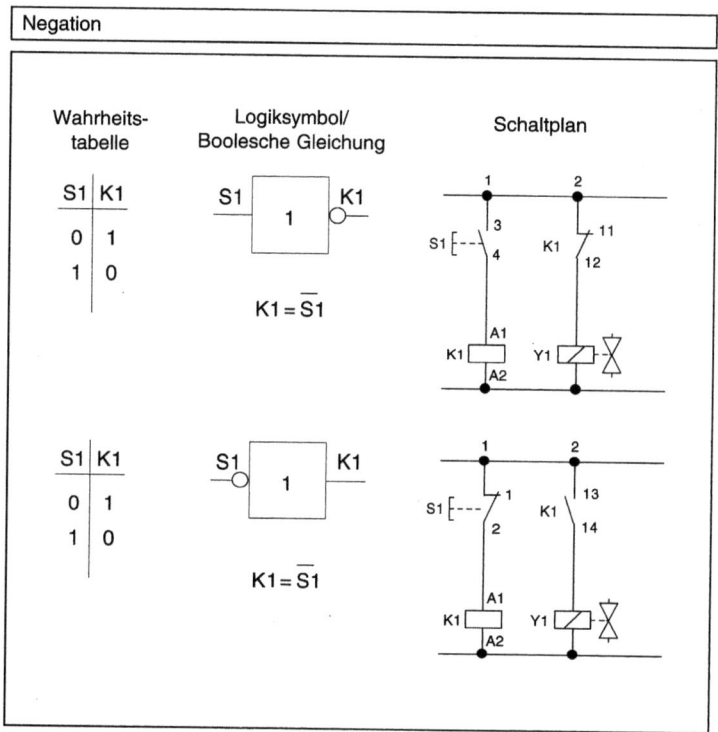

Beachten Sie bei der Lösung der Aufgabe die Richtlinien zur Schaltplanerstellung.

Hinweis

Ansteuerung eines einfachwirkenden Zylinders   Festo Didactic

Durchführung der Übung
1. Schritt

Schaltung mit
Signalumkehrung im
hydraulischen Teil

Entwerfen Sie den hydraulischen und elektrischen Schaltplan mit der Signalumkehrung im hydraulischen Teil der Steuerung.

Hydraulischer Schaltplan

Ansteuerung eines einfachwirkenden Zylinders — Festo Didactic

Elektrischer Schaltplan

Ansteuerung eines einfachwirkenden Zylinders   **Festo Didactic**

2. Schritt

Schaltung mit
Signalumkehrung im
elektrischen Teil

Entwickeln Sie den hydraulischen und den elektrischen Schaltplan. Die Signalumkehrung soll jetzt im Signalsteuerteil, also dem elektrischen Teil der Steuerung, erfolgen.

Hydraulischer Schaltplan

Ansteuerung eines einfachwirkenden Zylinders   Festo Didactic

Elektrischer Schaltplan

Ansteuerung eines einfachwirkenden Zylinders **Festo Didactic**

Kapitel 5

Ansteuerung eines doppeltwirkenden Zylinders

Ansteuerung eines doppeltwirkenden Zylinders Festo Didactic

5.1 Übung 4

Problemstellung

Signalumkehrung

In der vorhergehenden Übung (Kapitel 4.3) wurde das Ziehkissen mit einem einfachwirkenden Zylinder hochgedrückt. In dieser Übung wird eine Presse betrachtet, bei der die Gewichtskraft nicht ausreicht, die Kolbenstange des Ziehkissens zurückzudrücken. Deshalb muß ein doppeltwirkender Zylinder eingesetzt werden. Die folgenden Bedingungen bleiben:

- Im Stillstand und bei eingeschaltetem Hauptschalter (Ausgangsstellung) soll das Ziehkissen ausgefahren sein.
- Bei Einstellarbeiten muß ein Taster (S1) solange betätigt werden, bis die Kolbenstange eingefahren ist.

Der doppeltwirkende Zylinder zur Betätigung des Ziehkissens wird mit einem 4/2-Wege-Magnetventil angesteuert.

Die Umkehrung des Eingabesignals soll in dieser Übung zuerst im elektrischen Teil der Steuerung ausgeführt werden. In einer Zusatzübung werden die Schaltpläne für eine Signalumkehrung im hydraulischen Teil der Steuerung erstellt.

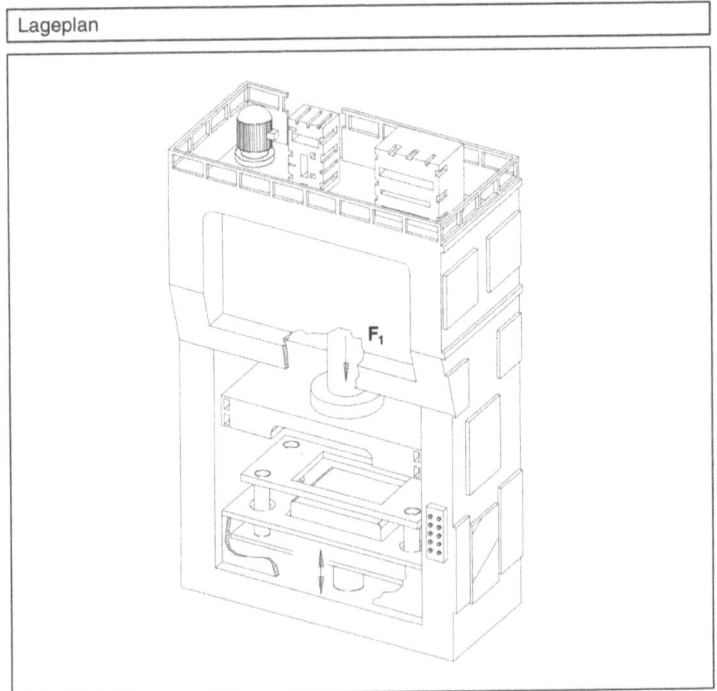

Lageplan

Ansteuerung eines doppeltwirkenden Zylinders Festo Didactic

Hydraulische Steuerung

Damit das Ziehkissen die Bewegungen Aus- und Einfahren ausführen und in beiden Richtungen hydraulisch arbeiten kann, wird ein doppeltwirkender Zylinder verwendet. Die Richtungsumkehrung vom Ausfahren zum Einfahren erfolgt durch Umsteuern eines 4/2-Wege-Magnetventils. Soll, wie in dieser Übung gefordert, in der Ausgangsstellung der Anlage zwangsweise eine bestimmte Endlage des Arbeitselementes erreicht werden, so wird ein Ventil mit Federrückstellung eingesetzt.

Kenntnisvermittlung

4/2-Wege-Magnetventil

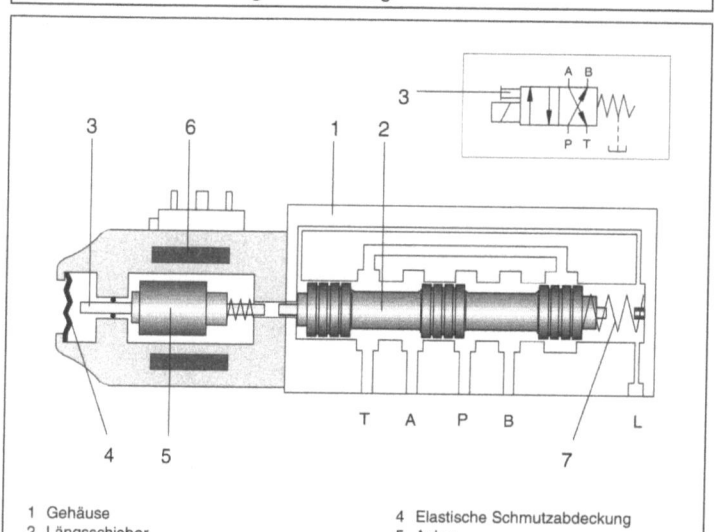

4/2-Wegeventil, elektromagnetisch betätigt

1 Gehäuse
2 Längsschieber
3 Handhilfsbetätigung (Notbetätigung)
4 Elastische Schmutzabdeckung
5 Anker
6 Spule
7 Rückstellfeder

Das dargestellte 4/2-Wegeventil ist elektromagnetisch betätigt und federrückgestellt. Der angebaute Gleichstrom-Elektromaget ist ein im "Öl schaltender Magnet" (nasser Magnet). Der Anker arbeitet im Öl. Dadurch wird geringer Verschleiß, gute Wärmeabfuhr und ein gedämpfter Ankeranschlag erreicht. Der Ankerraum hat Verbindung zum Tankanschluß. Das Ventil hat die zwei Arbeitsanschlüsse A und B, einen Druckanschluß P und den Tankanschluß T.

Ansteuerung eines doppeltwirkenden Zylinders — Festo Didactic

Durchführung der Übung
1. Schritt

Vervollständigen Sie den vorgegebenen hydraulischen Schaltplan und entwickeln Sie den elektrischen Schaltplan. Beachten Sie, daß die Signalumkehrung in diesem Teil der Übung im Signalsteuerteil erfolgen soll.

Hydraulischer Schaltplan

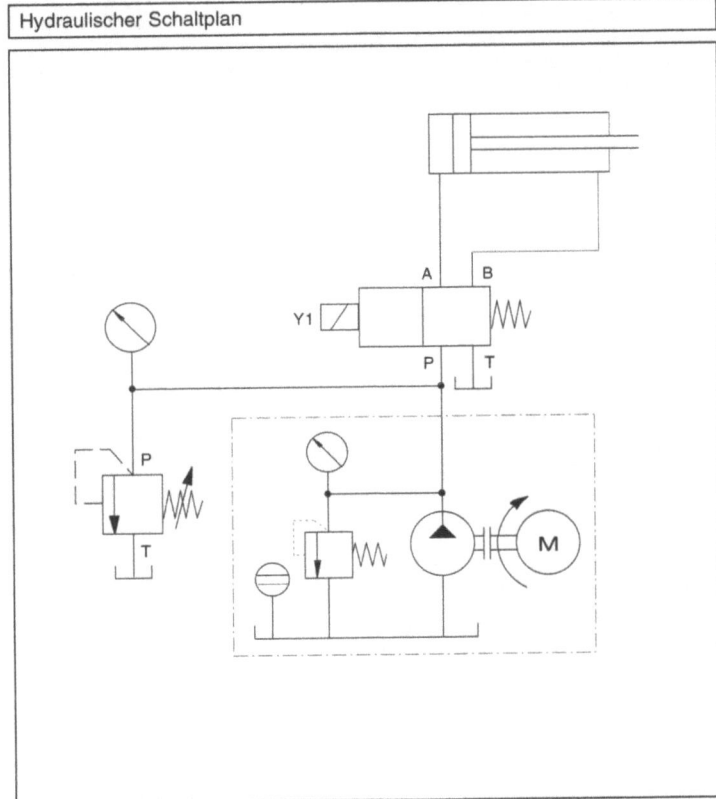

Ansteuerung eines doppeltwirkenden Zylinders   **Festo Didactic**

Elektrischer Schaltplan

Ansteuerung eines doppeltwirkenden Zylinders   Festo Didactic

2. Schritt

Zusatzübung

Die Signalumkehrung soll jetzt hydraulisch verwirklicht werden. Entwerfen Sie den hydraulischen und elektrischen Schaltplan. Das Wegeventil hat wie in der vorangestellten Aufgabe die Grundstellung: Durchfluß P nach B und A nach T.

Hydraulischer Schaltplan

Ansteuerung eines doppeltwirkenden Zylinders   **Festo Didactic**

Elektrischer Schaltplan

Was passiert, wenn die Versorgungsspannung des Signalsteuerteils ausfällt: 3. Schritt
- bei elektrischer Signalumkehrung,
- bei hydraulischer Signalumkehrung?

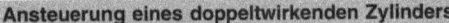 

Kapitel 6

Logische Verknüpfungen

Logische Verknüpfungen Festo Didactic

Grundfunktionen der Booleschen Algebra

Logische Verknüpfungen sind Funktionen, die binäre Signale nach den Regeln der Booleschen Algebra verknüpfen. Dazu stehen vier Grundfunktionen zur Verfügung:

Identität	Eingangs- und Ausgangssignal haben den gleichen Zustand.
Negation	Das Ausgangssignal hat den entgegengesetzten Wert des Eingangssignals.
Konjunktion (UND)	Das Ausgangssignal hat nur dann den Wert 1, wenn alle Eingangsignale den Wert 1 haben.
Disjunktion (ODER)	Das Ausgangssignal hat den Wert 1, wenn mindestens eines der Eingangsignale den Wert 1 hat.

Aus diesen Grundfunktionen lassen sich alle anderen Verknüpfungen wie NAND, NOR, EXOR, ÄQUVALENZ, ANTIVALENZ usw. zusammensetzen.

6.1 Übung 5

Problemstellung

Konjunktion (UND-Funktion) und Negation (NICHT-Funktion)

Beim Spritzgießen treten in der geschlossenen Gußform sehr hohe Drücke auf. Um sie aufzufangen, ist die Formzuhaltung mit einem Kniehebel ausgerüstet. Die Betätigung des Kniehebels geschieht über einen doppeltwirkenden Zylinder.

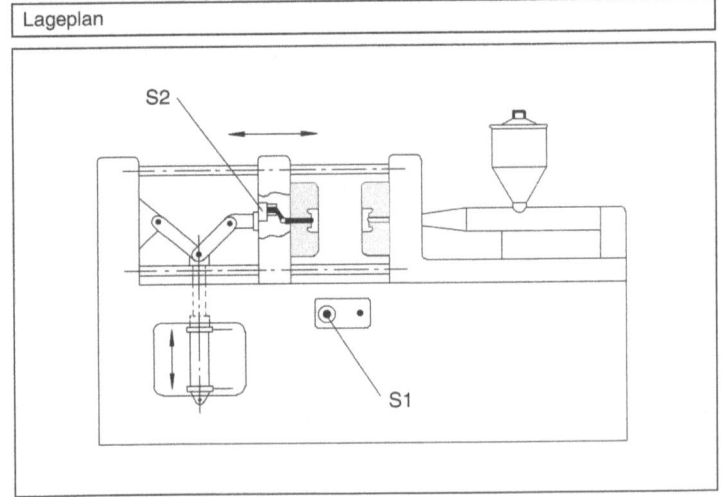

Lageplan

Logische Verknüpfungen   Festo Didactic

Ist kein Spritzteil in der Gußform vorhanden, soll bei manueller Dauerbetätigung eines Tasters S1 die Spritzform schließen. Ist die Form geschlossen, erfolgt der automatische Spritzvorgang. Das fertiggespritzte Teil betätigt den Grenztaster S2, und die Gußform öffnet wieder. Erst wenn das Teil entnommen ist, kann neu gestartet werden.

Die von den Signaleingabeelementen kommenden Signale   **Kenntnisvermittlung**
- "Taster EIN" (S1) und
- "Spritzteil vorhanden" (S2)

sind entsprechend der Aufgabenstellung miteinander zu verknüpfen.

Das Signal "Spritzteil vorhanden" wird mit dem Grenztaster S2 abgefragt. Da   **NICHT-Funktion**
ein Start nur dann erfolgen darf, wenn kein Spritzteil in der Gußform vorhanden
ist, muß dieses Signal umgekehrt werden. Die Umkehrung eines Signales wird
auch als logische NICHT-Funktion (Negation) bezeichnet (siehe Übung 3). Im
elektrischen Teil der Steuerung wird die NICHT-Funktion durch einen "Öffner"
realisiert.

Werden zwei Signale miteinander verknüpft, so daß ein Strom nur dann fließt,   **UND-Funktion**
wenn beide Signale vorhanden (= 1) sind, spricht man von einer logischen
UND-Verknüpfung. Sie wird in der Elektrotechnik durch Hintereinanderschalten
der entsprechenden Eingabeelemente realisiert.

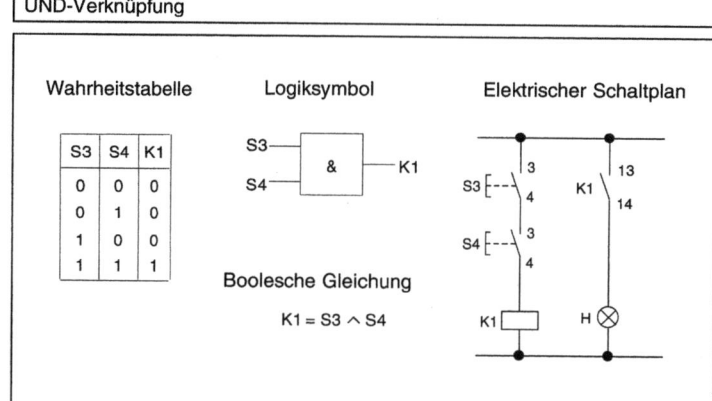

Logische Verknüpfungen Festo Didactic

Durchführung der Übung
1. Schritt

Zeichnen Sie den hydraulischen Schaltplan und bezeichnen Sie die Elemente. Zur Ansteuerung des Zylinders verwenden Sie ein 4/2-Wege-Magnetventil.

Hydraulischer Schaltplan

Logische Verknüpfungen Festo Didactic

Erstellen Sie die Stückliste für die hydraulische Steuerung. 2. Schritt

Pos.	Stück	Benennung	Typ- und Normenbezeichnung	Hersteller/Lieferant

			Fabrikat	Gez.	Besteller	Gruppe 03	Blatt 4	v. Blatt 4
				Datum	Auftrags-Nr.			
			Typ	Geprüft		Zeichnungs-Nr.		
			Inventar-Nr.		Muster-Stückliste einer Hydroanlage			
Nr.	Änderung	Datum	Name					

Ergänzen Sie die Wahrheitstabelle und das Symbol für die logische UND-Verknüpfung. 3. Schritt

S1	S2	K1

S1
    &   K1
S2

Logische Verknüpfungen　　　　　　　　　　**Festo Didactic**

4. Schritt　　　Ergänzen Sie bitte den elektrischen Schaltplan ausgehend von der logischen Verknüpfung der Signale S1 und S2 und der oben beschriebenen Zylindersteuerung!

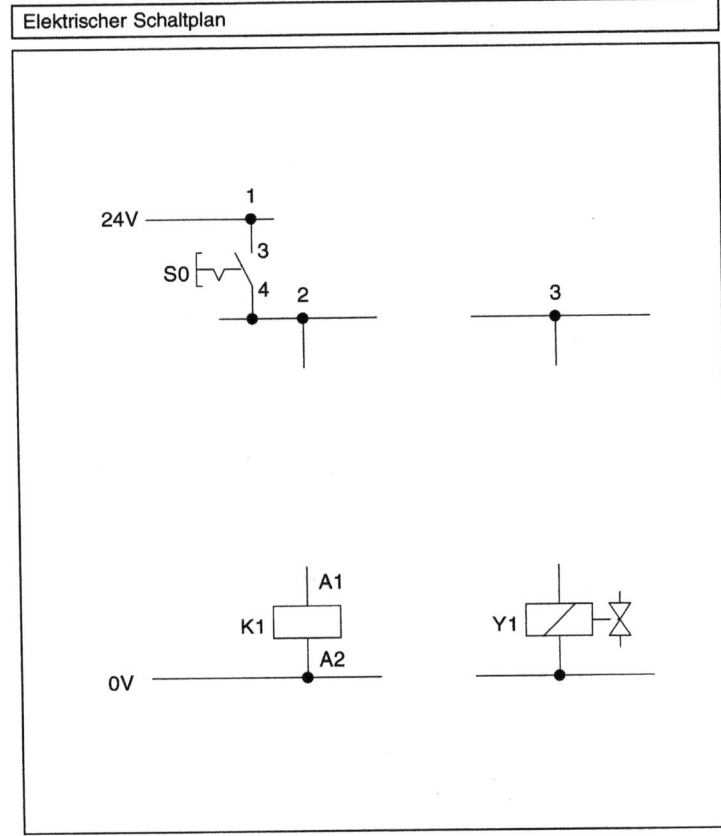

Elektrischer Schaltplan

Logische Verknüpfungen   Festo Didactic

Disjunktion (ODER-Funktion)

6.2 Übung 6

Zum Einlegen oder Herausnehmen von Werkstücken muß die Kesseltüre eines Härteofens kurze Zeit geöffnet werden. Zum Öffnen und Schließen der Tür dient ein doppeltwirkender Hydraulikzylinder. Die Ansteuerung des Zylinders soll sowohl über eine Handtaste als auch über eine Fußtaste möglich sein. Nach Loslassen des entsprechenden Tasters soll der Zylinder wieder zurückfahren und die Kesseltüre verschließen.

Problemstellung

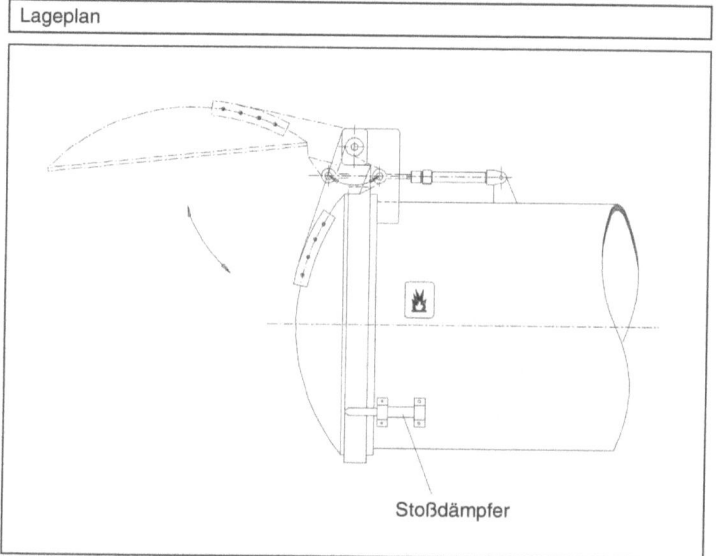

Lageplan

Stoßdämpfer

Hydraulische Steuerung

Kenntnisvermittlung

Damit die Kesseltüre beim Schließen nicht zuschlägt, muß sie kurz vor dem vollständigen Schließen gebremst werden.

- Eine Abbremsung kann z.B. mit einem Stoßdämpfer erfolgen (siehe Lageplan).

- Statt dessen kann auch ein Zylinder mit einstellbarer Endlagendämpfung verwendet werden.

Logische Verknüpfungen   Festo Didactic

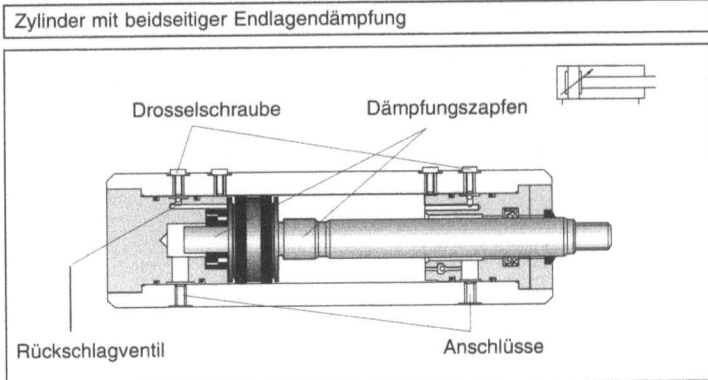

Zylinder mit beidseitiger Endlagendämpfung
- Drosselschraube
- Dämpfungszapfen
- Rückschlagventil
- Anschlüsse

Elektrische Steuerung

ODER-Funktion

Entsprechend der Aufgabenstellung sollen hier zwei Signaleingabeelemente (Handtaster S1 und Fußtaster S2) derart miteinander verknüpft werden, daß der Zylinder bei Betätigung eines der beiden Signaleingabeelemente oder bei gleichzeitiger Betätigung beider Taster ausfahren soll. Diese Art der Verknüpfung wird ODER-Verknüpfung genannt.

In der elektrischen Realisierung der ODER-Verknüpfung werden die beiden Signaleingabeelemente parallel geschaltet (s. Abbildung). Der Wertetabelle kann entnommen werden, daß K1 mit Strom durchflossen ist, wenn entweder eines oder beide Signaleingabeelemente betätigt sind.

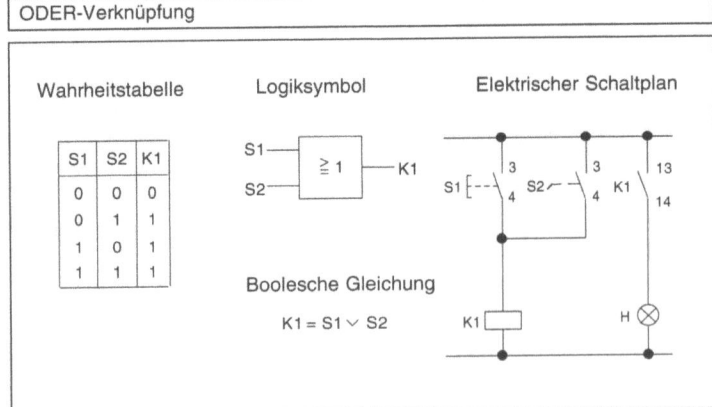

ODER-Verknüpfung

Wahrheitstabelle

S1	S2	K1
0	0	0
0	1	1
1	0	1
1	1	1

Logiksymbol

Boolesche Gleichung

$K1 = S1 \vee S2$

Elektrischer Schaltplan

Logische Verknüpfungen | **Festo Didactic**

Zeichnen Sie den hydraulischen Schaltplan. Der Zylinder soll eine einstellbare Endlagendämpfung in der vorderen Endlage haben.

Durchführung der Übung
1. Schritt

Hydraulischer Schaltplan

Logische Verknüpfungen   Festo Didactic

2. Schritt   Zur Verwirklichung einer ODER-Schaltung gibt es zwei Schaltungsmöglich-
                  keiten. Ergänzen Sie die in den Abbildungen gezeigten Schaltpläne!

                  Bezeichnen Sie den Taster für Handbetätigung mit S1 und den Taster für
                  Fußbetätigung mit S2.

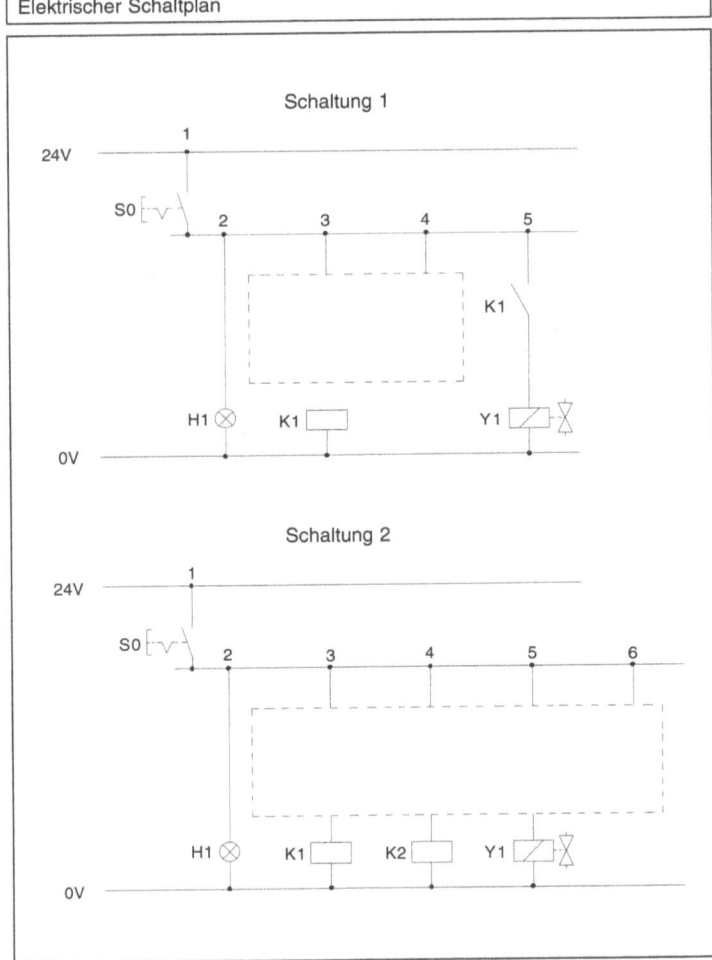

Logische Verknüpfungen **Festo Didactic**

Exklusiv-ODER (EXOR)

Auf zwei aufeinander zulaufenden Montagelinien kommen Werkstücke an und sollen wechselweise auf einem Transportband abgelegt werden.

- Die Schwenkbewegung der Weiche soll von beiden Arbeitsplätzen durch Bedienen eines Stellschalters ausgeführt werden können.
- Die Weiche wird durch einen doppeltwirkenden Zylinder hin- und her bewegt.

6.3 Übung 7

Problemstellung

Lageplan

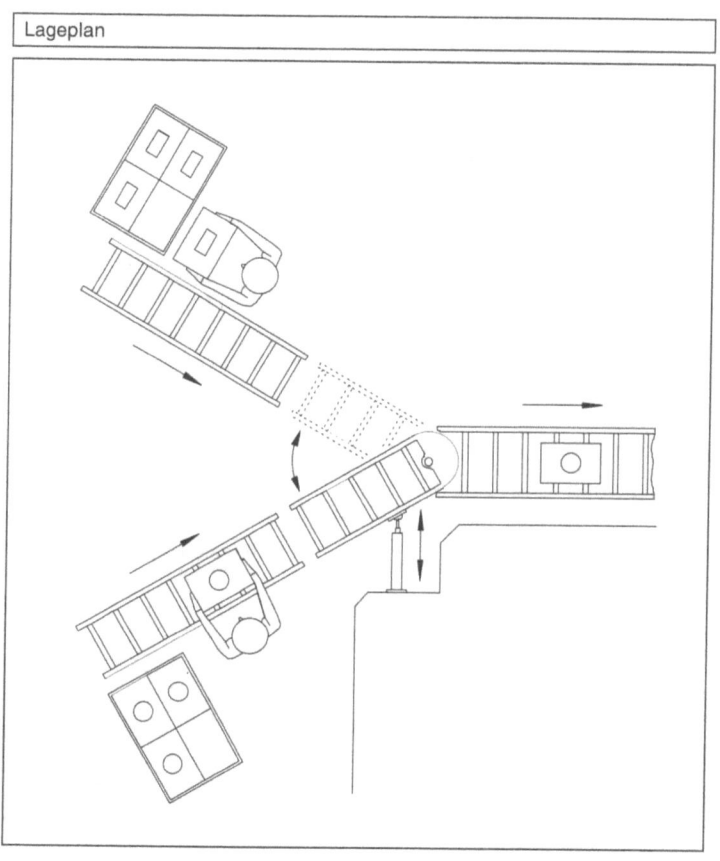

Logische Verknüpfungen   Festo Didactic

Kenntnisvermittlung

Hydraulische Steuerung

Zur Ansteuerung des doppeltwirkenden Zylinders wird ein 4/2-Wege-Magnetventil, federrückgestellt, verwendet. Damit die Kolbenstange des Zylinders bis in die vordere oder hintere Endlage fährt, muß das Schaltsignal gespeichert werden. Für diese Signalspeicherung wird am einfachsten ein Stellschalter verwendet.

Damit die Kolbenstange des Zylinders nicht mit der maximalen Geschwindigkeit in die jeweilige Endlage fährt, muß sie vorher abgebremst werden. Dazu wird ein Zylinder mit beidseitiger Endlagendämpfung eingesetzt.

Elektrische Steuerung

Wechselschaltung

Die Schwenkbewegung soll von zwei verschiedenen Stellen ausgelöst werden können, deshalb wird eine Wechselschaltung benötigt.

- Diese Wechselschaltung kann mit je einem Schalter mit Wechslerkontakten an beiden Arbeitsplätzen realisiert werden.
- Eine andere Möglichkeit besteht darin, an beiden Arbeitsplätzen je einen Schalter mit Schließer und Öffner zu verwenden.
- Soll die Wechselschaltung nur mit Schließerkontakten am Signaleingabeelement aufgebaut werden, so ist zusätzlich eine Relaisschaltung erforderlich.

Die logische Grundverknüpfung für jede dieser Wechselschaltungen ist ein Exklusiv-ODER.

Exklusiv-ODER

| Wahrheitstabelle | Logiksymbol | elektrischer Schaltplan mit Wechslerkontakten |

S1	S2	K1
0	0	0
0	1	1
1	0	1
1	1	0

Boolesche Gleichung

$K1 = (\overline{S1} \wedge S2) \vee (S1 \wedge \overline{S2})$

Logische Verknüpfungen   Festo Didactic

Damit der elektrische Schaltplan entwickelt werden kann, muß die Verknüpfung in die drei logischen Grundfunktionen Konjunktion (UND), Disjunktion (ODER) sowie Negation (NICHT) aufgegliedert werden. Die boolesche Gleichung und der entsprechende Logikplan leiten sich aus der Wahrheitstabelle ab:

- Zuerst werden die Eingangssignale negiert (NICHT).
- Dann werden die Eingangssignale und die Negation mit UND verknüpft.
- Zuletzt werden diese beiden Ausdrücke mit ODER verknüpft.

Logikplan Exklusiv-ODER

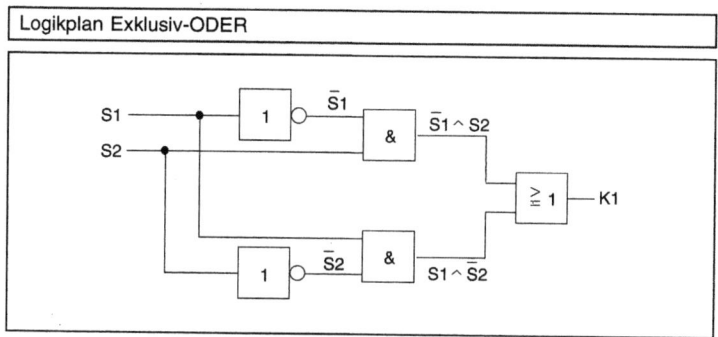

Erstellen Sie zuerst den hydraulischen Schaltplan. Zeichnen Sie anstelle des Hydraulikaggregates nur das Symbol für die Druckquelle ein.

Durchführung der Übung
1. Schritt

Hydraulischer Schaltplan

Logische Verknüpfungen　　　　　　　　Festo Didactic

2. Schritt　　Entwerfen Sie den elektrischen Schaltplan zuerst mit zwei Stellschaltern, die mit Wechslerkontakten bestückt sind.

Elektrischer Schaltplan, zwei Schalter mit Wechslerkontakten

3. Schritt　　Entwerfen Sie nun den elektrischen Schaltplan mit zwei Stellschaltern, die je nur einen Schließerkontakt besitzen.

Elektrischer Schaltplan, zwei Schalter mit Schließerkontakten

Kapitel 7

Signalspeicherung

Signalspeicherung   **Festo Didactic**

Ein Signal kann elektrisch, hydraulisch oder pneumatisch erzeugt werden. Ist dieses Signal nur kurzzeitig vorhanden, muß es zur Weiterverarbeitung gespeichert werden. Die Signalspeicherung kann in elektrohydraulischen Anlagen auf zwei Arten erfolgen:

- Im hydraulischen Leistungsteil mit Magnetimpulsventilen, die die jeweilige Stellung durch Raste oder durch Reibung speichern,

- und im elektrischen Signalsteuerteil mit Stellschaltern oder mit Selbsthalteschaltungen.

7.1 Übung 8

Problemstellung

Signalspeicherung im hydraulischen Teil

Bei Fertigungseinrichtungen werden Werkstücke mit Hilfe von hydraulischen Vorrichtungen gespannt. Gefordert wird dabei einfache Bedienung und schneller Werkstückwechsel. Im Lageplan ist eine Spannvorrichtung vereinfacht dargestellt, wie sie beispielsweise beim Bohren oder Fräsen eingesetzt wird.

Die Werkstücke werden mit einem doppeltwirkenden Zylinder eingespannt. Das Öffnen und Schließen der Spannvorrichtung soll vom Bediener mit einem Taster gesteuert werden. Die Kolbenstange muß auch nach Loslassen des Tasters in die gewählte Endstellung oder bis zum Werkstück weiterfahren. Aus Sicherheitsgründen darf das Ventil bei Stromausfall die vorhandene Schaltstellung nicht ändern. Wird der Schließen- oder Öffnentaster betätigt, darf das gegensinnige Signal nicht wirksam werden. Die Taster müssen deshalb gegenseitig verriegelt sein.

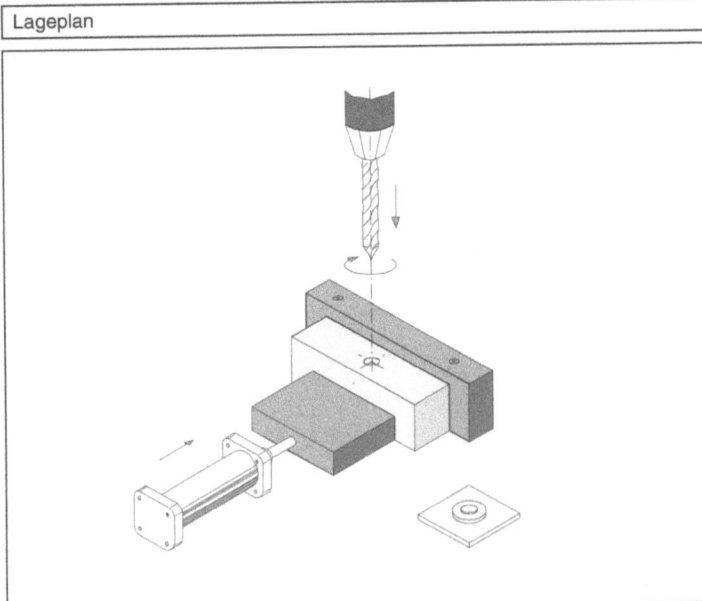

Lageplan

Signalspeicherung   Festo Didactic

Hydraulische Steuerung

Soll die Kolbenstange des Zylinders auch nach Loslassen des Tasters bis zur gewählten Endlage ausfahren, muß das Schaltsignal gespeichert werden. Die Signalspeicherung soll gemäß Aufgabenstellung im Wegeventil erfolgen. Zur Ansteuerung des doppeltwirkenden Zylinders wird ein 4/2-Wege-Magnetimpulsventil verwendet.

Kenntnisvermittlung

Magnetimpulsventil

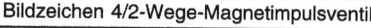
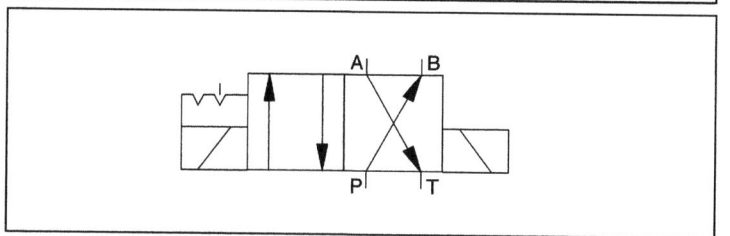

Magnetimpulsventile benötigen für jede Schaltstellung einen elektrischen Impuls zum Umschalten. Die erreichte Schaltstellung wird durch Reibung oder mit einer Raste gespeichert. Erst wenn ein elektrischer Impuls auf die entgegengerichtete Magnetspule wirkt, schaltet das Ventil wieder zurück. Wird das Impulsventil mit beiden Schaltsignalen angesteuert, dann dominiert das zuerst anliegende Signal. Magnetimpulsventile werden eingesetzt, wenn bei Ausfall der Steuerspannung die Ventilstellung beibehalten werden muß (z.B. bei Spannvorrichtungen).

Elektrische Steuerung

Um immer nur eine Spule des Magnetventils anzusteuern, müssen beide Eingangssignale gegeneinander verriegelt werden. Eine Verriegelung kann über die Tasterkontakte oder über die Relaiskontakte (Schützkontakte) erfolgen.

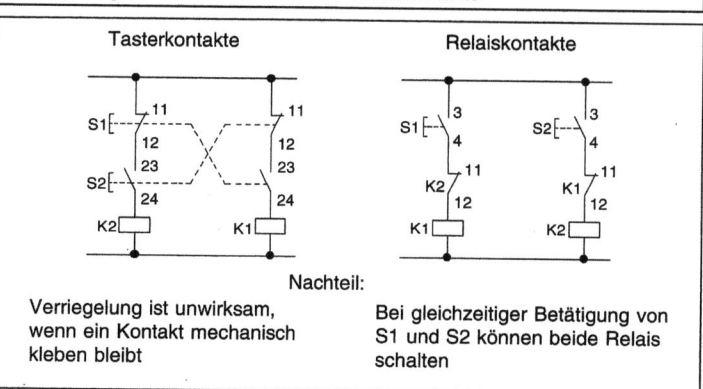

Signalspeicherung — Festo Didactic

Durchführung der Übung
1. Schritt

Zeichnen Sie den hydraulischen Schaltplan mit der Zusatzbedingung, daß die Geschwindigkeit der Schließbewegung verändert werden kann. Die Öffnungsgeschwindigkeit bleibt unverändert.

Hydraulischer Schaltplan

Signalspeicherung — Festo Didactic

Zeichnen Sie den elektrischen Schaltplan. Die elektrische Ansteuerung soll indirekt erfolgen. Außerdem sollen die Eingabesignale über die Taster- und Relaiskontakte verriegelt werden.

2. Schritt

Elektrischer Schaltplan

7.2 Übung 9

Problemstellung

Signalspeicherung im elektrischen Teil

In den vorangestellten Übungen wurde festgestellt, daß die Kolbenstange des Zylinders nur dann bis zur jeweiligen Endlage fährt, wenn das Schaltsignal gespeichert wird. Beim Impulsventil erfolgt diese Speicherung im Ventil. Wird jedoch ein federrückgestelltes 4/2-Wege-Magnetventil verwendet und das Schaltsignal mit einem Taster gegeben, muß die Speicherung im Signalsteuerteil erfolgen. Soll die Spannvorrichtung wieder öffnen, wird ein zweiter Taster gedrückt, der die Speicherung wieder löscht.

Mit der Spannvorrichtung der vorherigen Übung ist es nicht möglich, den Druck zum Spannen auf unterschiedliche Werte einzustellen, ohne den Systemdruck zu verändern. Eine Verringerung des Systemdrucks kann jedoch bedeuten, daß weitere Verbraucher im System, z.B. Bearbeitungsstationen, nicht mehr sicher arbeiten. Um den Spanndruck auf einen geringeren Wert als den Systemdruck einzustellen, wird ein Druckregelventil der Spannvorrichtung vorgeschaltet.

Lageplan

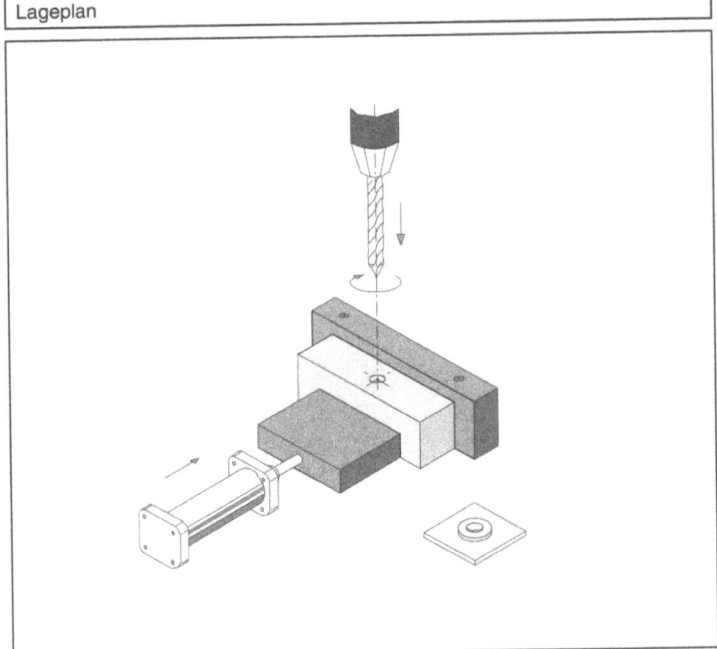

Signalspeicherung   Festo Didactic

Hydraulische Steuerung

Druckregelventile werden eingesetzt, wenn in einer Anlage unterschiedliche Drücke benötigt werden.

Kenntnisvermittlung

Druckregelventil

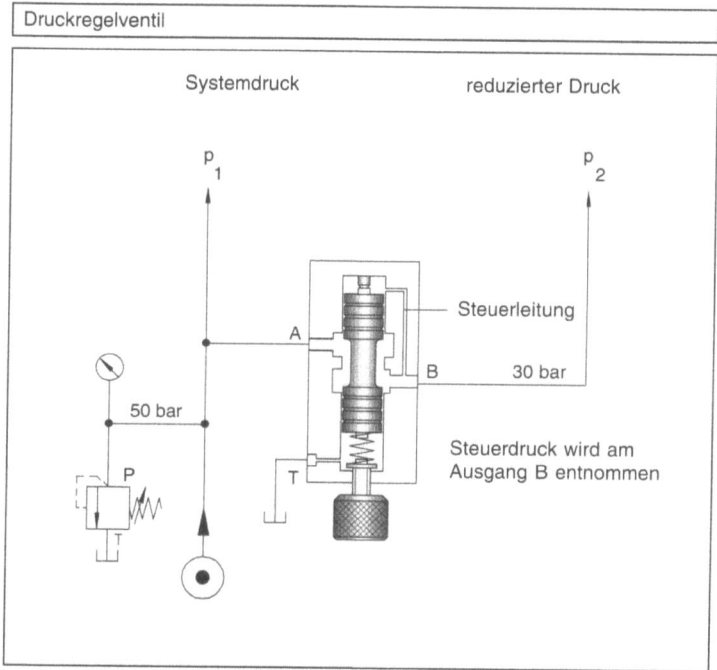

Mit einem 2-Wege-Druckregelventil wird der Eingangsdruck auf einen niedrigeren, einstellbaren Ausgangsdruck reduziert.

- In Ruhestellung ist das Ventil geöffnet.
- Über die Steuerleitung wirkt der Steuerdruck (Anschluß B) auf den Ventilkolben.
- Übersteigt die am Ventilkolben entstehende Kraft die eingestellte Federkraft, beginnt das Ventil zu schließen. Der Druck am Anschluß B verringert sich auf den eingestellten Wert, während der Systemdruck am Anschluß A nicht beeinflußt wird.

Signalspeicherung — Festo Didactic

Elektrische Steuerung

Wird ein Relais oder ein Schütz mit einem Taster angesteuert, erhält die Spule zunächst Strom und die Kontakte werden geschaltet. Nach Loslassen des Tasters schalten die Kontakte sofort wieder in die Ausgangslage zurück.

Selbsthaltung

Sollen die Kontakte nach Loslassen des Tasters nicht zurückschalten, muß die Relaisspule solange mit Strom versorgt werden, bis ein anderes Signal die Stromversorgung unterbricht. Diese Bedingung wird mit der Selbsthalteschaltung (Signalspeicherung) verwirklicht.

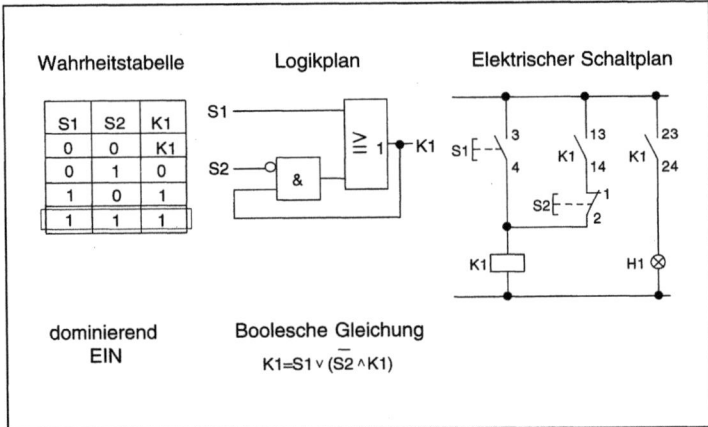

Elektrische Selbsthaltung, dominierend setzend

Wird der EIN-Taster S1 betätigt, erhält die Relaisspule Strom. Die Kontakte schalten um, der Kontakt K1 schließt. Wird der Taster S1 wieder losgelassen, bleibt die Relaisspule über den Kontakt K1 mit Strom versorgt: Sie hält sich selbst. Das Eingangssignal wird also gespeichert. Durch Betätigen des Tasters S2 wird der Strom zur Spule unterbrochen, und die Kontakte K1 öffnen. Wird der Taster S2 wieder losgelassen, so bleibt das Relais stromlos. Wenn also keiner der beiden Taster betätigt wird, bleibt der vorherige Schaltzustand des Relais erhalten, abhängig vom Kontakt K1.

Werden bei dieser Schaltung beide Taster gleichzeitig gedrückt, wird die Spule K1 und deren Kontakte geschaltet (K1 = 1). Diese Schaltung wird deshalb als **dominierend setzend** bezeichnet.

Aus Sicherheitsgründen werden für Spannvorrichtungen Schaltungen mit der Bedingung **dominierend rücksetzend** verwendet. Diese Bedingung wird erfüllt, wenn bei Betätigung beider Taster die Relaiskontakte nicht geschaltet werden (K1 = 0).

Signalspeicherung — Festo Didactic

Zeichnen Sie den hydraulischen Schaltplan. Legen Sie fest, an welcher Stelle das Druckregelventil eingebaut werden soll und begründen Sie Ihre Entscheidung.

Durchführung der Übung
1. Schritt

Hydraulischer Schaltplan

Signalspeicherung — Festo Didactic

A 7.2

2. Schritt — Zeichnen Sie den elektrischen Schaltplan für die Ansteuerung der hydraulischen Anlage, indem Sie eine Selbsthalteschaltung mit dem Verhalten dominierend rücksetzend entwerfen.

> Elektrischer Schaltplan

3. Schritt — Entwickeln Sie zu dieser Schaltung den Logikplan.

> Logikplan

Signalspeicherung   Festo Didactic

Die Geschwindigkeit, mit der sich der Kolben eines Hydraulikzylinders bewegt, steigt mit wachsendem Volumenstrom. Der Volumenstrom läßt sich auf zwei Arten steuern:

7.3 Geschwindigkeitssteuerung

- Bei der Drosselsteuerung wird der Volumenstrom über Ventile, z.B. Stromventile, beeinflußt. Übersteigt der konstante Volumenstrom, den die Pumpe fördert, den benötigten Volumenstrom, so fließt ein Teil der Druckflüssigkeit über ein Druckbegenzungsventil in den Tank zurück. Dies führt zu hohen Energieverlusten.

Drosselsteuerung

- Energetisch wesentlich günstiger ist das Steuern des Volumenstroms über eine Regelpumpe, die nur so viel Volumenstrom erzeugt, wie benötigt wird. Diese Art der Steuerung wird als Verdrängersteuerung bezeichnet. Nachteilig ist hier allerdings die niedrigere Dynamik.

Verdrängersteuerung

In diesem Lehrbuch wird nur die Drosselsteuerung mit Stromventilen behandelt.

Stromregelung

Übung 10

Vorgebohrte Werkstücke werden mit einer Ausreibemaschine nachbearbeitet. Die Vorschubbewegung wird von einem doppeltwirkenden Zylinder ausgeführt. Der Vor- und Rückhub soll dabei mit gleicher Geschwindigkeit erfolgen. Außerdem muß die Geschwindigkeit einstellbar sein. Sie muß ferner unabhängig von der Belastung stets genau eingehalten werden. Der Rückhub soll nach Erreichen eines Grenztasters erfolgen. Zur Ansteuerung des Zylinders soll ein 4/2-Wege-Magnetventil mit Federrückstellung verwendet werden.

Problemstellung

Lageplan

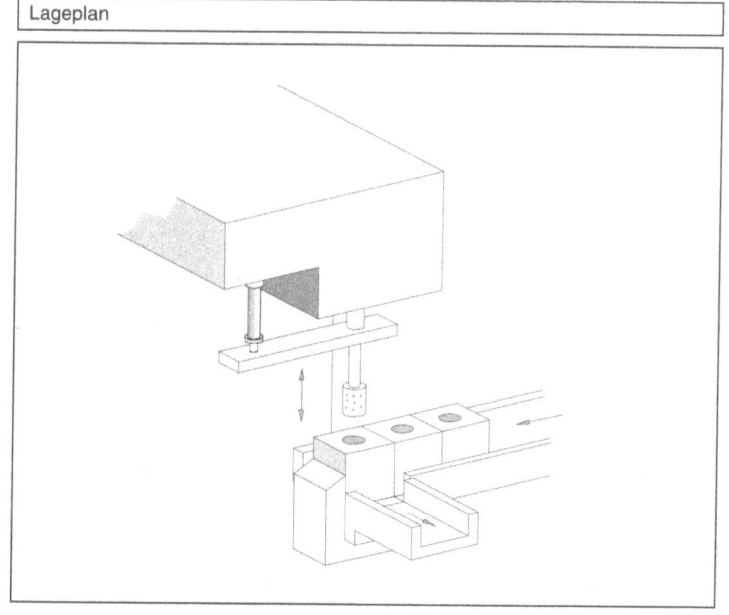

Signalspeicherung   Festo Didactic

Kenntnisvermittlung

Zylinder mit
einseitiger Kolbenstange

Gleichgangzylinder

Hydraulische Steuerung

Bei einem doppeltwirkendem Zylinder mit einseitiger Kolbenstange ist die Kolbenfläche größer als die Kolbenringfläche. Bei gleichbleibendem Pumpenförderstrom fährt die Kolbenstange daher schneller ein als aus.

Die folgende Abbildung zeigt einen doppeltwirkenden Zylinder, der zwei Kolbenstangen mit gleichem Durchmesser aufweist. Bei dieser Zylinderbauart sind beide Kolbenflächen gleich groß. Somit sind auch die Vor- und Rückhubgeschwindigkeiten identisch. Diesen Zylinder bezeichnet man als Gleichgangzylinder.

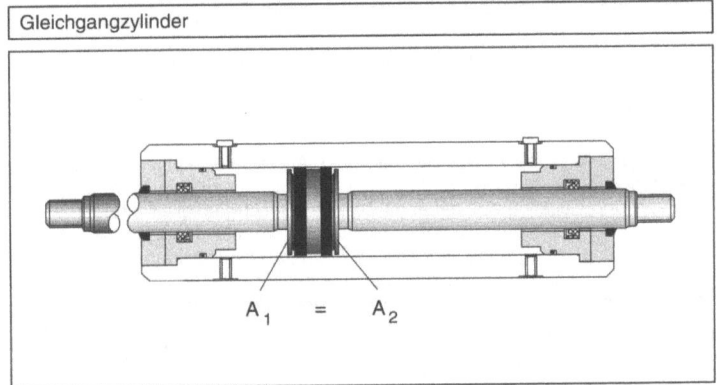

Gleichgangzylinder

$A_1 = A_2$

Differentialschaltung

Kann auf Grund beengter Einbauverhältnisse nur ein Zylinder mit einer Kolbenstange verwendet werden, wird eine Differential- oder Umströmschaltung verwendet.

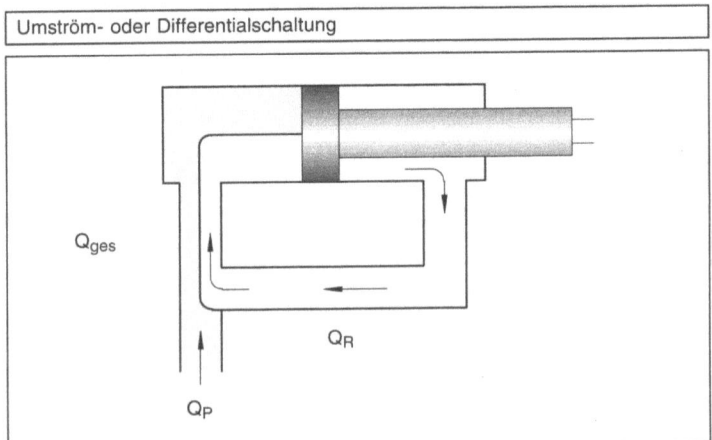

Umström- oder Differentialschaltung

Q_{ges}, Q_R, Q_P

Durch diese Schaltung wird die Vorhubgeschwindigkeit der Kolbenstange erhöht. Soll, wie in dieser Übung gefordert, der Vor- und Rückhub bei gleicher Geschwindigkeit erfolgen, muß das Flächenverhältnis der Kolbenfläche zur Kolbenringfläche 2:1 betragen.

Stromventile werden eingesetzt, um den Volumenstrom zum Arbeitselement zu verringern. Durch den vergleichsweise kleinen Öffnungsquerschnitt hat das Stromventil einen hohen Strömungswiderstand. Dies führt zu einem hohen Druckabfall über dem Stromventil und damit auch zu einem hohen Druckniveau am Hydraulikaggregat. Das Druckbegrenzungsventil öffnet und der konstante Volumenstrom der Pumpe (Q_0) teilt sich auf zwei Zweige auf. Somit fließt der Teilstrom Q_1 zum Arbeitselement.

Geschwindigkeitssteuerung mit Stromventilen

Einfluß eines Stromventils

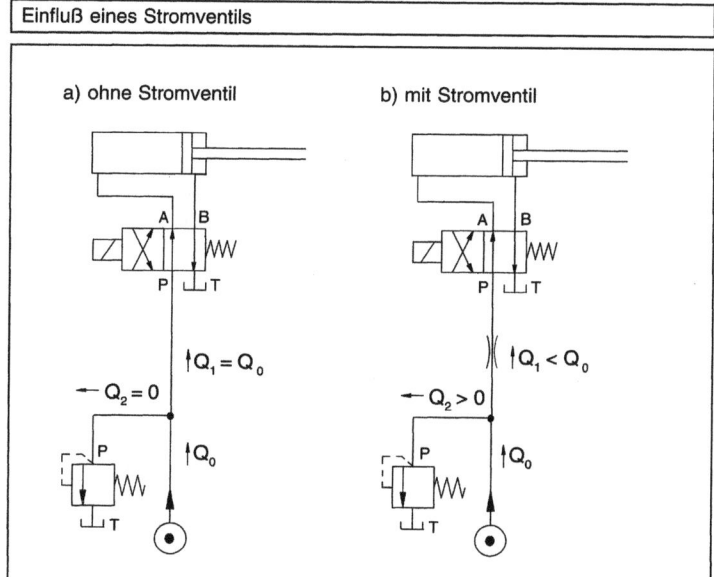

a) ohne Stromventil b) mit Stromventil

Stromsteuerventile arbeiten lastabhängig, d.h. die Verfahrgeschwindigkeit verändert sich mit der auf die Kolbenstange wirkenden Kraft.

Stromregelventile arbeiten nahezu lastunabhängig. Das bedeutet: Die Verfahrgeschwindigkeit der Kolbenstange bleibt gleich, auch wenn sich die Kraft auf die Kolbenstange verändert.

Signalspeicherung — Festo Didactic

Gegenhalteventil

In dieser Übung ist der Vorschubzylinder so angeordnet, daß die Kolbenstange vertikal ausfährt. Bedingt durch das nach unten hängende Gewicht des Ausreibewerkzeugs, wirkt auf die Kolbenstange eine ziehende Last. Die ziehende Kraft kann in der oberen Kammer einen Unterdruck erzeugen. Ein gleichmäßiger Vorschub ist dann nicht möglich, die Kolbenstange wird aus dem Zylinder ruckartig herausgezogen. Um dies zu verhindern, wird in die Rückflußleitung ein Druckbegrenzungsventil eingebaut, das entsprechend der Belastung eingestellt wird. Ein auf diese Weise eingebautes Druckbegrenzungsventil wird als Gegenhalteventil bezeichnet.

Elektrische Steuerung

Grenztaster

Als weiteres elektrisches Signaleingabeelement wird ein mechanisch betätigter Grenztaster benötigt. Grenztaster werden durch einen Nocken oder ein Leitlineal betätigt. Sie werden hauptsächlich benutzt, um die Lage der Kolben abzufragen. Grenztaster können z.B. eingesetzt werden, um festzustellen, wann eine Endlage oder eine gewünschte Position erreicht ist. Grenztaster können als Öffner, Schließer oder Wechsler angeschlossen werden.

Bei der vorliegenden Problemstellung ist folgendes zu beachten.

- Die Kolbenstange soll ausfahren, wenn der EIN-Taster betätigt wird und der Kolben sich in der hinteren Endlage befindet. Deshalb wird die hintere Endlage über einen Grenztaster abgefragt. Die Stellung des Grenztasters wird als Startbedingung in den Strompfad des EIN-Tasters eingebaut.

- Nach Erreichen der vorderen Endlage soll die Kolbenstange sofort wieder in die Ausgangsstellung zurückfahren. Zur Steuerung dieser Bewegung wird die vordere Endlage über einen weiteren Grenztaster abgefragt.

Signalspeicherung   Festo Didactic

Zeichnen Sie den hydraulischen Schaltplan mit einem Gleichgangzylinder unter Berücksichtigung der in der Kenntnisvermittlung erläuterten Bedingungen. Beachten Sie dabei, daß das Gegenhalteventil (Druckbegrenzungsventil) in der Gegenrichtung nicht durchströmt werden kann. Die Lage der Grenztaster (S1 hintere Endlage, S2 vordere Endlage) wird in dem Schaltplan mit einem Strich angedeutet (I).

Durchführung der Übung
1. Schritt

Hydraulischer Schaltplan

Signalspeicherung — **Festo Didactic**

2. Schritt

Zeichnen Sie den elektrischen Schaltplan mit der Startvoraussetzung, daß die hintere Endlage der Kolbenstange abgefragt wird und der Starttaster nicht betätigt ist.

Elektrischer Schaltplan

Kapitel 8

Ablaufsteuerung

Ablaufsteuerung — Festo Didactic

Eine Ablaufsteuerung ist eine Steuerung mit zwangsläufig, schrittweisem Ablauf. Die Weiterschaltung in den nächsten Schritt wird in den folgenden Übungen durch Lageabfrage mit Grenztastern erreicht.

8.1 Übung 11

Druck- und wegabhängige Ablaufsteuerung

Lageplan

Problemstellung

Mit einer hydraulischen Presse werden gehärtete Lagerringe in Gußgußblöcke eingepreßt.

- Als Startvoraussetzung muß der Hauptschalter eingeschaltet sein und die hintere Endlage der Kolbenstange mit einem Grenztaster abgefragt werden. Das Einpressen muß mit langsamer, einstellbarer Geschwindigkeit erfolgen.

- Bei korrektem Einpressen erfolgt der Rückhub, wenn ein Grenztaster erreicht ist. Der Rückhub soll ungedrosselt sein.

- Wird die zulässige maximale Preßkraft überschritten (z.B. wenn ein Ring verkantet ist), so muß aus Sicherheitsgründen die Kolbenstange zurückfahren und eine optische Anzeige erfolgen. Erst wenn ein Quittiertaster betätigt wurde, kann ein neuer Start erfolgen.

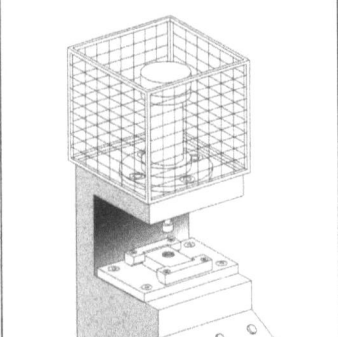

Sicherheitshinweis

Pressen dürfen nicht ohne Zweihandeinschaltung und Pressensicherheitssteuerblock betrieben werden. Diese Sicherheitseinrichtungen werden jedoch hier nicht behandelt.

Ablaufsteuerung Festo Didactic

Hydraulische Steuerung **Kenntnisvermittlung**

In dieser Übung wird keine genaue Vorschubregelung verlangt. Zur Geschwindigkeitsreduzierung reicht es deshalb aus, ein Stromsteuerventil (z.B. ein Drosselventil) einzusetzen. Ein Stromregelventil ist nicht erforderlich. Drosselventile können im Zu- oder im Abfluß des Zylinders eingebaut werden. Wird das Ventil im Abfluß eingebaut (Abflußdrosselung), kann das Gegenhalteventil eingespart werden.

Bei der vorliegenden Schaltung soll die Kolbenstange langsam ausfahren und schnell wieder einfahren. Deshalb wird ein Drosselrückschlagventil verwendet.

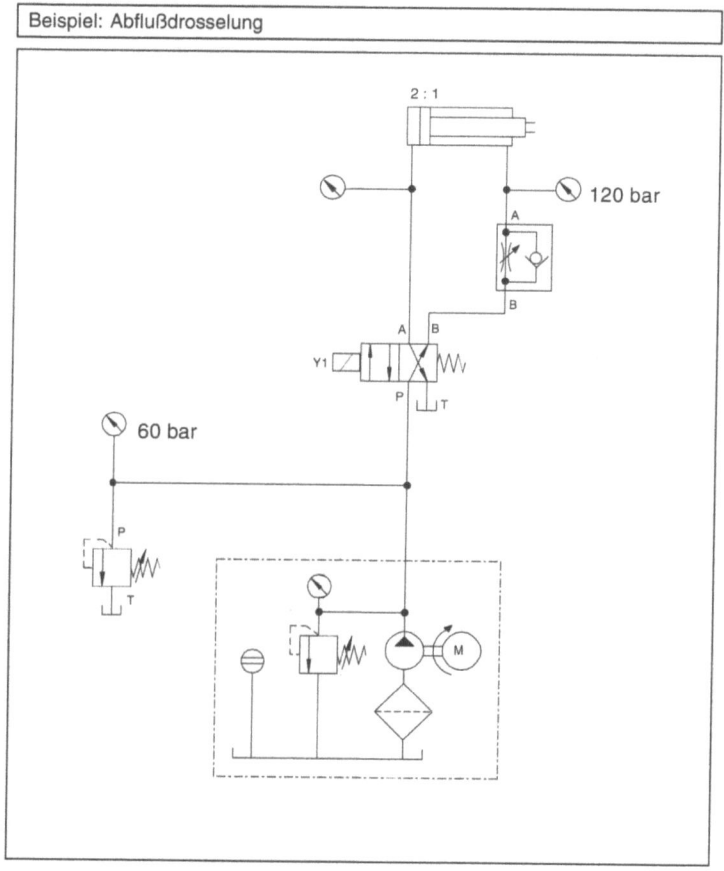

Beispiel: Abflußdrosselung

Ablaufsteuerung | **Festo Didactic**

Damit bei der Abflußdrosselung eine Volumenstromteilung und dadurch eine Verringerung der Geschwindigkeit stattfindet, muß die Drossel soweit geschlossen werden, daß das Systemdruckbegrenzungsventil öffnet. Im vorliegenden Beispiel beträgt der Druck am Systemdruckbegrenzungsventil 60 bar. Bedingt durch die Druckübersetzung wird der Druck vor dem Drosselrückschlagventil im Verhältnis der Kolbenfläche zur Kolbenringfläche erhöht. Bei einem Flächenverhältnis von 2:1 beträgt der Druck vor der Drossel ca. 120 bar (unter Vernachlässigung der Zylinderreibung und der Last). Der Zylinder, die Rohre und das Drosselrückschlagventil dieser Schaltung müssen für den Druck von 120 bar ausgelegt sein, auch wenn der Versorgungsdruck nur 60 bar beträgt.

Elektrische Steuerung

Druckschalter

Druckschalter schalten bei Erreichen eines eingestellten Druckes elektrische Kontakte. Ein Druckschalter kann als Öffner, Schließer oder Wechsler angeschlossen werden. Der Schaltpunkt wird durch Vorspannen einer Feder eingestellt.

Durchführung der Übung
1. Schritt

Füllen Sie das Funktionsdiagramm aus. Beachten Sie dabei die in der Problemstellung aufgeführten Startvoraussetzungen. Bezeichnen Sie den Grenztaster zur Abfrage der hinteren Endlage mit S1, den für die vordere Endlage mit S2.

Funktionsdiagramm

Bauglieder			Zeit in s				
Benennung	Kenn-zchg.	Zu-stand	Schritt 1	2	3	4	5
Hauptschalter	S0						
Starttaster	S1						
Wegeventil	Y1	1					
		0					
Zylinder	A1	1					
		0					

Ablaufsteuerung   **Festo Didactic**

Zeichnen Sie den hydraulischen Schaltplan.   2. Schritt

- Zur Ansteuerung des Zylinders verwenden Sie ein 4/2-Wege-Magnetventil, federrückgestellt.
- Die Geschwindigkeitsreduzierung soll nicht über eine Abflußdrosselung, sondern über eine Zuflußdrosselung erfolgen.
- Beachten Sie außerdem, daß das Gewicht des Pressenstempels als ziehende Last an der Kolbenstange wirkt.
- Die Lage der Grenztaster wird im Schaltplan mit einem Strich angedeutet (I).

Hydraulischer Schaltplan

Ablaufsteuerung   **Festo Didactic**

3. Schritt   Welcher Höchstdruck tritt in der Anlage mit Zuflußdrosselung auf? Vergleichen Sie diesen Druck mit dem Höchstdruck bei einer Abflußdrosselung.

4. Schritt   Ein Differentialzylinder mit 50 mm Kolbendurchmesser und einem Flächenverhältnis von 2:1 soll verwendet werden. Die maximal zulässige Preßkraft beträgt 6000 N. Auf wieviel bar muß der Druckschalter eingestellt sein, wenn im Kolbenstangenraum, bedingt durch die Gegenhaltung, ein Druck von 20 bar entsteht?

Hinweis: Die Reibung der Kolben- und Kolbenstangendichtung kann vernachlässigt werden.

5. Schritt   Entwerfen Sie den elektrischen Schaltplan.

Elektrischer Schaltplan

6. Schritt   Erläutern Sie die Funktionsweise der elektrohydraulischen Anlage.

Ablaufsteuerung   Festo Didactic

Ablaufsteuerung mit Automatikbetrieb

Auf einer Fräsmaschine werden eingespannte Werkstücke plangefräst.

- Ein hydraulischer Zylinder (A), dessen Kolbenstange mit dem Frästisch gekoppelt ist, führt die Arbeitsbewegung aus.
- Der Zylinder wird mit einem 4/3-Wege-Magnetventil mit Sperrmittelstellung (federzentriert) angesteuert. Wird während des Vor- oder Rücklaufes des Frästisches dieses Ventil auf Mittelstellung geschaltet, so stoppt der Tisch, auch wenn der Endanschlag noch nicht erreicht ist.
- Der Frästisch soll mit einer einstellbaren Vorschubgeschwindigkeit ausfahren und nach Erreichen eines Grenztasters (S2) im Eilgang selbsttätig wieder zurückfahren.
- Durch Betätigen eines Schalters (Öffner) kann die Steuerung abgeschaltet werden. Das 4/3-Wegeventil schaltet dann in Mittelstellung, und die Kolbenstange bleibt stehen.
- Soll die Fräsmaschine nach dem Abschalten der Steuerung neu gestartet werden, so muß die Kolbenstange zunächst in die Ausgangsstellung (S1) gebracht werden. Dazu muß die Kolbenstange im Handbetrieb, d.h. durch Dauerbetätigung eines Tasters, in die Endlage gebracht werden.

8.2 Übung 12

Problemstellung

Lageplan

Ablaufsteuerung   Festo Didactic

Kenntnisvermittlung   **Hydraulische Steuerung**

Im stromlosen Zustand schaltet das 4/3-Wege-Magnetventil in die Mittelstellung. In der Mittelstellung sind alle Anschlüsse gesperrt. Dieses Ventil hat kein Speicherverhalten.

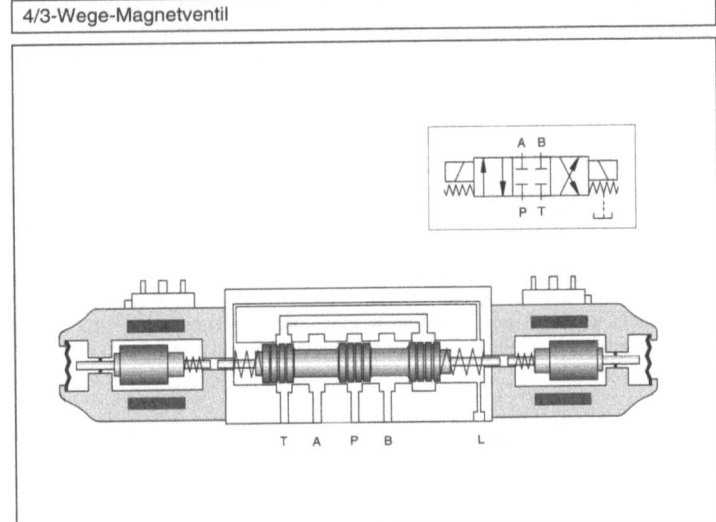

4/3-Wege-Magnetventil

Elektrische Steuerung

Handbetrieb

Da das Ventil die Schaltstellung nicht speichert, muß eine Selbsthalteschaltung mit Relais im elektrischen Teil der Steuerung eingebaut werden. Durch Abschalten der Selbsthaltung während des Vor- oder Rückhubes wird erreicht, daß die Kolbenstange in der jeweiligen Position stehen bleibt (NOT-Halt). In diesem Fall kann nicht mehr gestartet werden, da die Startvoraussetzung "Grenztaster S1 betätigt" nicht mehr erfüllt ist. Es muß also eine Schaltung entwickelt werden, mit der nach dem Anhalten in die Startposition zurückgefahren werden kann. Dieses Zurückfahren wird mit einem Taster ausgelöst, der bei Dauerbetätigung das 4/3-Wegeventil für den Rückhub einschaltet. Dieser Taster darf jedoch erst wirksam werden, wenn zuvor der Schalter "Automatik-Manuell" betätigt wurde (Verriegelung). Diese Verriegelung kann auch elektrisch mit einem Taster und einem weiteren Relais verwirklicht werden.

Ablaufsteuerung   **Festo Didactic**

Zeichnen Sie den hydraulischen Schaltplan.

Durchführung der Übung
1. Schritt

- Beachten Sie dabei, daß beim Fräsen auch ziehende Belastungen auftreten können.

- Berücksichtigen Sie außerdem, daß das Stromregelventil in der Gegenrichtung nur als Drossel wirkt und bei manchen Bauarten nicht durchströmt werden kann.

Hydraulischer Schaltplan

A 8.2 — Ablaufsteuerung — **Festo Didactic**

2. Schritt — Zeichnen Sie den elektrischen Schaltplan. Die Umschaltung von Automatik- auf Handbetrieb soll mit einem Stellschalter erfolgen.

Elektrischer Schaltplan mit Stellschalter

3. Schritt — Zeichnen Sie den elektrischen Schaltplan. Die Umschaltung von Automatik- auf Handbetrieb soll jetzt mit einem Taster und über ein Relais erfolgen.

Elektrischer Schaltplan mit Taster und Relais

Teil B

Grundlagen

Festo Didactic

Kapitel 1

Elektrohydraulische Anlage

Elektrohydraulische Anlage   Festo Didactic

Eine elektrohydraulische Anlage besteht im wesentlichen aus den beiden Funktionsgruppen **Signalsteuerteil** und **Leistungsteil**.

1.1 Leistungsteil

Der Leistungsteil einer elektrohydraulischen Anlage umfaßt alle Baugruppen, die die Energieversorgung, die Energiesteuerung und die Arbeitsbewegungen einer Anlage gewährleisten. Er unterscheidet sich in den meisten Fällen kaum vom Leistungsteil einer "reinen" Hydraulikanlage, sieht man einmal von der Betätigungsart der Ventile ab.

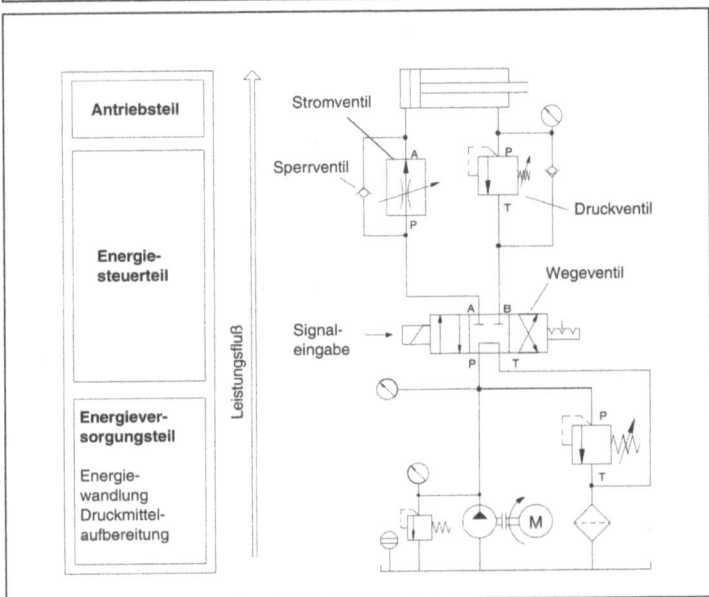

Leistungsteil einer elektrohydraulischen Anlage

Energieversorgungsteil

Der Energieversorgungsteil gliedert sich in Energiewandlung und Druckmittelaufbereitung. In diesem Teil der Anlage wird die hydraulische Energie bereitgestellt und die Druckflüssigkeit aufbereitet. Für die Energiewandlung – die elektrische Energie wird zuerst in hydraulische und dann in mechanische Energie umgewandelt – werden im allgemeinen folgende Bauelemente eingesetzt:

- Elektromotor oder Verbrennungsmotor
- Kupplung
- Pumpe
- Druckanzeige
- Schutzeinrichtungen

Elektrohydraulische Anlage Festo Didactic

Die Aufbereitung der Druckflüssigkeit erfolgt mittels folgender Bauelemente:
- Behälter mit Füllstandsanzeiger
- Filter
- Kühler
- Heizung
- Temperaturanzeiger

Die Aufgabe der Energie- bzw. Leistungssteuerung wird in elektrohydraulischen Anlagen von Ventilen erfüllt. Diese Ventile lassen sich entsprechend der Aufgaben, die sie im System erfüllen, in vier Gruppen einteilen:

- Wegeventile
- Sperrventile
- Druckventile
- Stromventile

Energie- bzw. Leistungssteuerung

Im Antriebsteil der Anlage werden die Arbeitsbewegungen ausgeführt. Die in der Druckflüssigkeit enthaltene hydraulische Energie wird mit Hilfe von Zylindern oder Motoren in mechanische Energie umgewandelt. Die Leistungsaufnahme der Arbeitselemente im Antriebsteil bestimmt die Anforderungen an die Ausführungen der Bauelemente im Energieversorgungsteil und im Energiesteuerteil. Alle Bauelemente müssen für die im Arbeitsteil auftretenden Drücke und Volumenströme ausgelegt sein.

Antriebsteil

Der Signalsteuerteil einer elektrohydraulischen Anlage unterscheidet sich erheblich vom Signalsteuerteil einer rein hydraulischen Anlage. In einer hydraulischen Anlage wird dieser Teil im wesentlichen vom Menschen übernommen. In der Elektrohydraulik gliedert sich der Signalsteuerteil in die Funktionsbereiche Signaleingabe (Sensorik) und Signalverarbeitung (Prozessorik).

1.2 Signalsteuerteil

Bei der Signaleingabe ist generell zu unterscheiden zwischen Signalen, die vom Bediener gegeben werden (über Taster, Schalter usw.) und Signalen, die innerhalb der Anlage direkt aufgenommen werden (Grenztaster, Näherungsschalter, Temperaturfühler, spezielle Melder, Druckschalter usw.).

Signaleingabe

Die Signalverarbeitung geschieht in elektrohydraulischen Anlagen entweder über elektrische Schaltungen oder SPS. Es gibt auch rein pneumatische und seltener rein hydraulische Schaltungsmöglichkeiten, mit denen Signale verarbeitet werden. In diesem Buch wird die Signalverarbeitung durch elektrische Schaltungen realisiert (siehe dazu die Übungen im Teil A).

Signalverarbeitung

Die Elektromagnete an den Ventilen bilden die Schnittstelle zwischen dem Signalsteuerteil und dem Leistungsteil einer elektrohydraulischen Anlage. Im allgemeinen werden zur Betätigung von Magnetventilen Gleichstrommagnete mit 24 V eingesetzt. Im Spannungsbereich von 110 V - 220 V werden auch Wechselstrommagnete verwendet.

1.3 Schnittstelle

115

Elektrohydraulische Anlage   **Festo Didactic**

Kapitel 2

Grundlagen der Elektrotechnik

Grundlagen der Elektrotechnik — Festo Didactic

2.1 Gleichstrom und Wechselstrom

Ein einfacher elektrischer Stromkreis besteht aus einer Spannungsquelle, dem Verbraucher sowie der Verbindungsleitung (Hin- und Rückleiter). Physikalisch gesehen bewegen sich dabei negative Ladungsträger, die Elektronen, über den elektrischen Leiter vom Minuspol der Spannungsquelle zum Pluspol. Diese Bewegung von Ladungsträgern wird als elektrischer Strom bezeichnet. Dabei ist zu beachten, daß ein elektrischer Strom nur in einem geschlossenen Leiterkreis fließen kann.

Man unterscheidet zwischen Gleich- und Wechselstrom:

- Wirkt die Spannung in einem Stromkreis immer in der gleichen Richtung, so fließt ein Strom, der ebenfalls stets die gleiche Richtung hat. Man spricht dann von einem Gleichstrom bzw. von einem Gleichstromkreis.

- Beim Wechselstrom bzw. im Wechselstromkreis ändert die Spannung ihre Richtung in einem bestimmten Takt (Frequenz). Damit wechselt auch der Strom fortwährend seine Richtung und seine Stärke.

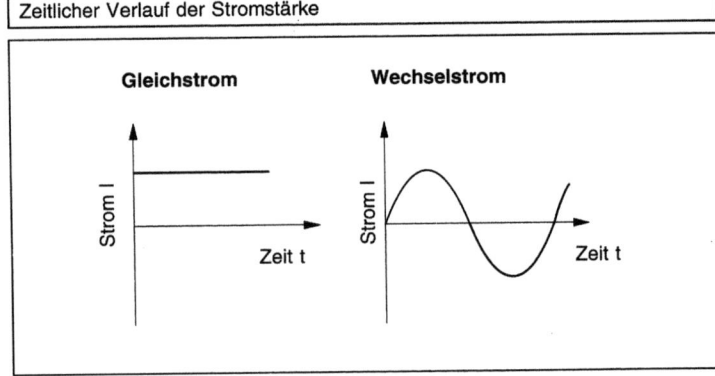

Grundlagen der Elektrotechnik — Festo Didactic

2.2 Gleichstromkreis

Die folgende Abbildung zeigt einen einfachen elektrischen Gleichstromkreis, bestehend aus einer Spannungsquelle, elektrischen Leitungen, einem Schalter und einem Verbraucher (im Beispiel eine Lampe).

Gleichstromkreis

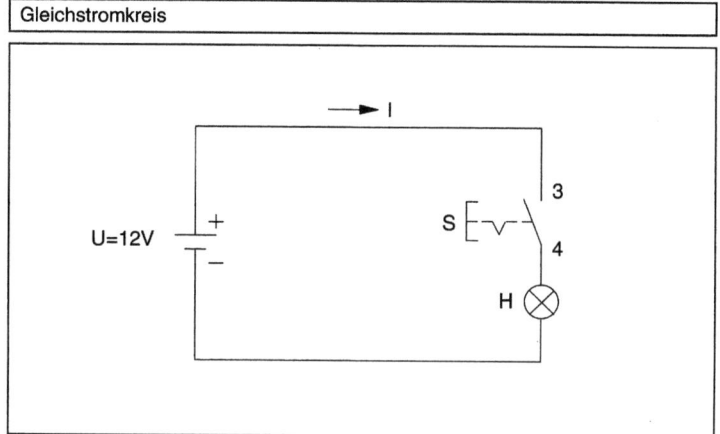

Technische Stromrichtung

Wird der Schalter im obigen Stromkreis geschlossen, fließt ein Strom I über den Verbraucher. Die Elektronen bewegen sich vom Minuspol zum Pluspol der Spannungsquelle. Bevor die Existenz von Elektronen bekannt war, wurde die Stromrichtung von "plus" nach "minus" festgelegt. Diese Definition ist in der Praxis heute noch gültig – man bezeichnet sie als technische Stromrichtung.

Elektrischer Leiter

Unter elektrischem Strom versteht man die gerichtete Bewegung von Ladungen. Ladungsträger können dabei sowohl Elektronen als auch Ionen sein. Strom kann jedoch nur fließen, wenn der benutzte Werkstoff genügend frei bewegliche Ladungsträger besitzt; man spricht dann von einem elektrischen Leiter.

Quellenspannung

Am Minuspol einer Spannungsquelle herrscht ein Elektronenüberschuß, am Pluspol ein Elektronenmangel. Damit ergibt sich zwischen den beiden Polen ein Unterschied in der Elektronenbesetzung. Diesen Zustand bezeichnet man als Quellenspannung.

Elektrischer Widerstand

Jeder Werkstoff setzt dem elektrischen Strom einen anderen Widerstand entgegen. Dieser Widerstand hängt unter anderem von der Atomdichte und der Zahl der freien Elektronen ab. Er kommt dadurch zustande, daß die frei beweglichen Elektronen mit Atomen des Leitermaterials zusammenstoßen und dadurch in ihrer Bewegung gehemmt sind. In der Steuerungstechnik wird in erster Linie Kupfer als Leitermaterial eingesetzt. Bei diesem Metall ist der elektrische Widerstand besonders niedrig.

Grundlagen der Elektrotechnik **Festo Didactic**

Ohmsches Gesetz

Der Zusammenhang zwischen Spannung, Stromstärke und Widerstand wird durch das ohmsche Gesetz beschrieben. Das Ohmsche Gesetz besagt, daß die Stromstärke sich in einem Stromkreis bei gleichbleibendem Widerstand im gleichen Verhältnis wie die Spannung ändert:

- Wächst die Spannung, steigt die Stromstärke an.
- Sinkt die Spannung, geht auch die Stromstärke zurück.

Ohmsches Gesetz

$$U = R \cdot I$$

U = Spannung; Einheit: Volt (V)
R = Widerstand; Einheit: Ohm (Ω)
I = Stromstärke; Einheit: Ampère (A)

Elektrische Leistung

In der Mechanik läßt sich die Leistung über die Arbeit definieren. Je schneller eine Arbeit verrichtet wird, desto höher ist die erforderliche Leistung. Leistung bedeutet also: Arbeit pro Zeit.

Bei einem Verbraucher in einem Stromkreis wird elektrische Energie in Bewegungsenergie (z.B. Elektromotor), Lichtstrahlung (z.B. elektrische Lampe) oder Wärmeenergie (z.B. elektrische Heizung, elektrische Lampe) umgewandelt. Je schneller die Energie umgesetzt wird, desto höher ist die elektrische Leistung. Leistung bedeutet hier also: umgewandelte Energie pro Zeit. Sie steigt mit wachsendem Strom und wachsender Spannung an.

Elektrische Leistung

$$P = U \cdot I$$

P = Leistung; Einheit: Watt (W)
U = Spannung; Einheit: Volt (V)
I = Stromstärke; Einheit: Ampère (A)

Die elektrische Leistung eines Verbrauchers wird auch als elektrische Leistungsaufnahme bezeichnet.

Grundlagen der Elektrotechnik · Festo Didactic

Eine Magnetspule wird mit 24 V Gleichspannung versorgt. Der Widerstand der Spule beträgt 19,9 Ω. Wie groß ist die elektrische Leistungsaufnahme?

Beispiel:
Berechnung der elektrischen Leistung einer Spule

Zuerst wird die Stromstärke errechnet:

$$I = \frac{U}{R} = \frac{24\,V}{19,9\,\Omega} = 1,206\,A$$

Daraus ergibt sich die elektrische Leistungsaufnahme:

$$P = U \cdot I = 24\,V \cdot 1,206\,A = 28,944\,W$$

Elektrische Steuerungen werden meistens mit 24 V Gleichstrom versorgt. Die Wechselspannung aus dem Energieversorgungsnetz muß deshalb auf 24 Volt herabtransformiert und danach gleichgerichtet werden.

Für die Gleichrichtung werden Halbleiterdioden verwendet. Sie lassen den Strom in einer Richtung durch und sperren ihn in der anderen Richtung. Ihre Wirkung auf den elektrischen Strom läßt sich vergleichen mit der Wirkung eines Rückschlagventils auf den Durchfluß in einer hydraulischen Anlage.

Dioden

Zur Gleichrichtung können unterschiedliche Diodenschaltungen eingesetzt werden. Die wichtigste ist die Brücken- oder Graetzschaltung. Für die Stromversorgung elektronischer Steuerungen (SPS) oder bei Verwendung von Sensoren muß die vom Gleichrichter gelieferte Gleichspannung durch einen Ladekondensator und gegebenenfalls durch nachfolgende Siebglieder (Drossel oder Siebwiderstand) geglättet werden.

Gleichrichter

Brücken-Gleichrichterschaltung mit Ladekondensator

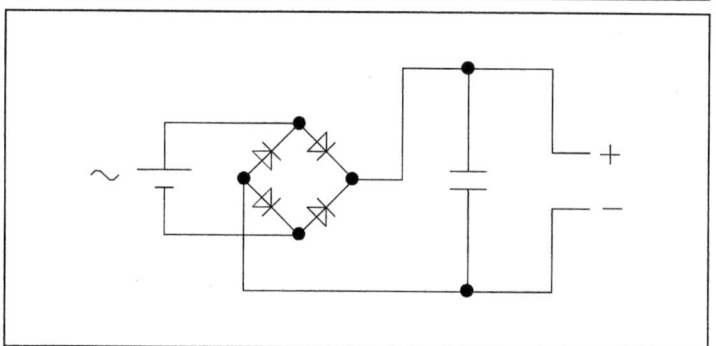

2.3 Elektromagnetismus

Magnetspulen, Relais und Schütze, die in der Elektrohydraulik eingesetzt werden, basieren auf dem Prinzip des Elektromagnetismus:

- Jeder stromdurchflossene Leiter baut um sich ein Magnetfeld auf.
- Die Stromrichtung im Leiter ist ausschlaggebend für die Richtung der Feldlinien.
- Die Stromstärke im Leiter beeinflußt die Stärke des Magnetfeldes.

Darstellung einer elektrischen Spule

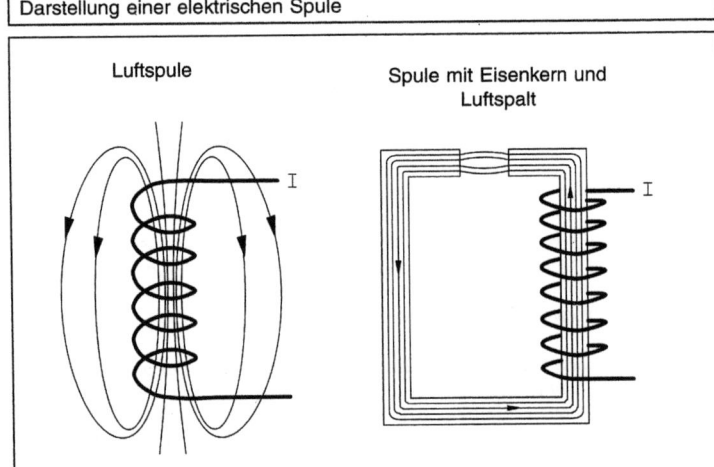

Zur Vergrößerung des Magnetfeldes wird der stromdurchflossene Leiter in Form einer Spule gewickelt. Dann bildet sich durch Überlagerung der Feldlinien aller Spulenwindungen eine Hauptrichtung des Magnetfeldes aus. Bei einer Spule mit Eisenkern wird zusätzlich das Eisen magnetisiert. Dadurch lassen sich bei gleichem Strom wesentlich höhere Magnetfelder erzeugen als mit einer Luftspule.

Elektromagnet

An einen Elektromagneten werden zwei entgegengesetzte Anforderungen gestellt:

- möglichst kleine Stromaufnahme (geringer Energieverbrauch) und
- möglichst hohe Kraft durch ein starkes Magnetfeld.

Um beide Anforderungen gleichzeitig zu erfüllen, bestehen Elektromagnete aus einer Spule mit Eisenkern.

Grundlagen der Elektrotechnik   **Festo Didactic**

Legt man an eine Spule Wechselspannung an, so wird der Strom und damit das Magnetfeld ständig auf- und abgebaut. Durch die Änderung des Magnetfeldes wird ein Strom in der Spule induziert. Der induzierte Strom wirkt dem Strom, der das Magnetfeld erzeugt, entgegen. Die Spule setzt dem Wechselstrom also einen Widerstand entgegen. Dieser Widerstand wird als induktiver Widerstand bezeichnet.
     Induktiver Widerstand bei Wechselspannung

Bei Gleichspannung ändert sich die Spannung, der Strom und das Magnetfeld nur beim Einschalten. Aus diesem Grund ist der induktive Widerstand hier nur zum Zeitpunkt des Einschaltens wirksam.
     Induktiver Widerstand bei Gleichspannung

Die Einheit der Induktivität ist "Henry" (H):

$$1\,H = 1\,\frac{Vs}{A} = 1\,\Omega s$$

Ein Kondensator besteht aus zwei Leiterplatten, zwischen denen sich eine Isolierschicht (Dielektrikum) befindet. Je größer die Kapazität eines Kondensators, desto mehr elektrische Ladungsträger speichert er bei gleicher Spannung.
     2.4 Kapazität

Prinzipdarstellung eines Kondensators

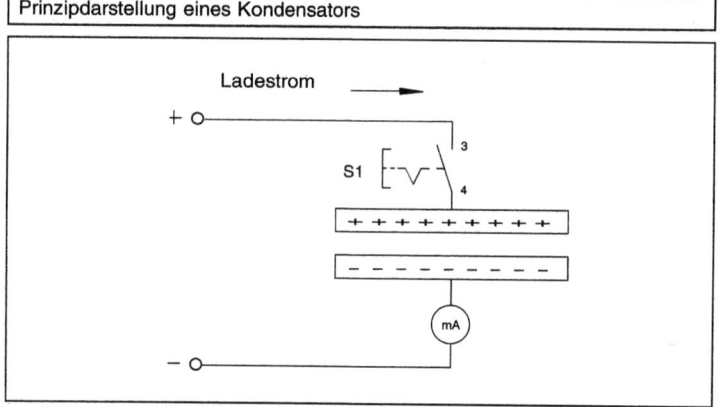

Schließt man einen Kondensator an eine Gleichspannungsquelle an, fließt kurzzeitig ein Ladestrom. Die beiden Platten werden dadurch entgegengesetzt elektrisch geladen. Unterbricht man anschließend die Verbindung zur Spannungsquelle, so bleibt die Ladung im Kondensator gespeichert – bis über einen Verbraucher (z.B. einen Widerstand) ein Ladungsausgleich stattfindet.

Die Einheit der Kapazität ist "Farad" (F):

$$1\,F = 1\,\frac{As}{V}$$

Grundlagen der Elektrotechnik — Festo Didactic

2.5 Messungen im Stromkreis

Der Begriff "Messung" bedeutet, daß man eine unbekannte Größe mit einer bekannten Größe vergleicht. Meßgeräte erlauben es, diesen Vergleich mehr oder weniger genau durchzuführen. Die Genauigkeit einer Messung ist abhängig von der Genauigkeit des Meßgerätes.

Meßregeln

Bei Messungen im elektrischen Stromkreis sollten stets folgende Regeln beachtet werden:

- Meßgerät nie stoßen.
- Vor dem Messen Nullpunktkontrolle vornehmen.
- Beim Messen von Gleichspannung oder Gleichstrom die Polung des Meßgerätes beachten (Klemme "+" des Meßgerätes an Pluspol der Spannungsklemme).
- Vor dem Einschalten der Spannung den größten Meßbereich wählen.
- Zeiger beobachten und langsam in kleinere Meßbereiche umschalten. Bei größtmöglichem Zeigerausschlag Meßwert ablesen.
- Zur Vermeidung von Ablesefehlern immer senkrecht auf den Zeiger sehen.

Beispiel: Anzeigefehler

Untersucht wird der Anzeigefehler eines Spannungsmessers der Klasse 1,5. Gemessen wird die Spannung einer Batterie (ca. 9 V). Der Meßbereich wird einmal auf 10 V und einmal auf 100 V eingestellt.

Meßbereich	Zulässiger Anzeigefehler	Prozentualer Fehler
10 V	$10\,V \cdot \frac{1{,}5}{100} = 0{,}15\,V$	$\frac{0{,}15\,V}{9\,V} \cdot 100 = 1{,}66\,\%$
100 V	$100\,V \cdot \frac{1{,}5}{100} = 1{,}5\,V$	$\frac{1{,}5\,V}{9\,V} \cdot 100 = 16{,}6\,\%$

Die Beispielrechnung zeigt deutlich, daß die Messung um so genauer wird, je größer der Ausschlag des Zeigers ist. Anders ausgedrückt: Der Meßbereich des Meßinstruments sollte so gewählt werden, daß sich die Anzeige im letzten Drittel der Meßskala befindet.

Grundlagen der Elektrotechnik   Festo Didactic

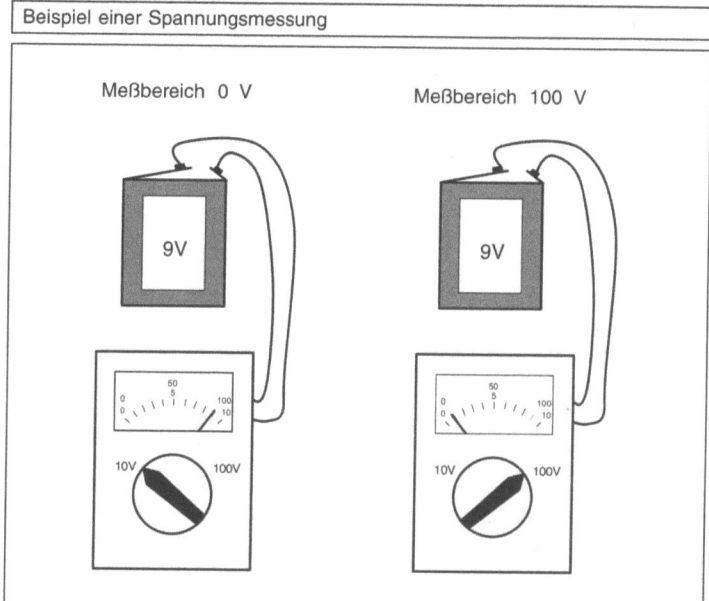

Beispiel einer Spannungsmessung

Fleißt Strom durch ein Meßinstrument, so fällt über dem Meßinstrument Spannung ab. Dadurch werden sämtliche Ströme und Spannungen im Stromkreis beeinflußt. Das Meßergebnis wird also nicht nur durch den Anzeigefehler verfälscht, sondern auch durch den Einfluß des Meßgerätes auf den Stromkreis.

Will man die **elektrische Spannung** messen, so muß ein geeignetes Meßinstrument **parallel** zum Verbraucher angeschlossen werden. Um das Meßergebnis möglichst wenig zu verfälschen, darf durch das Voltmeter nur ein sehr geringer Strom fließen. Andernfalls verringert sich der Strom durch den Verbraucher und damit auch der Spannungsabfall; die gemessene Spannung ist zu gering. Demnach muß ein Voltmeter mit möglichst **hohem Widerstand** verwendet werden. Dieser Widerstand wird auch als Innenwiderstand des Voltmeters bezeichnet.

Spannungsmessung

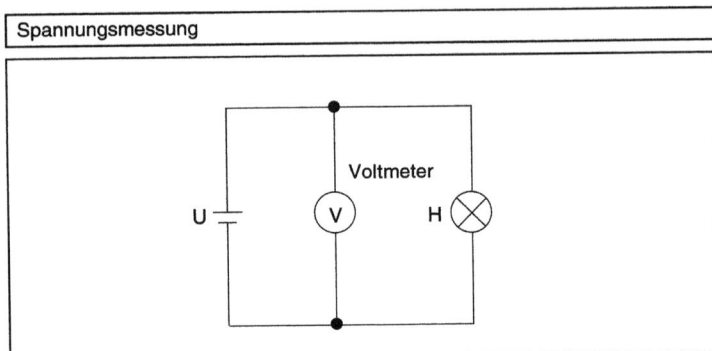

Strommessung

Soll in einem Stromkreis der **Strom** gemessen werden, muß der gesamte Strom durch das Meßgerät fließen können. Dazu wird das Strommeßgerät (Ampèremeter) **in Reihe** zum Verbraucher angeschlossen. Jeder Strommesser besitzt einen bestimmten Innenwiderstand. Dieser zusätzliche Widerstand verringert den Stromfluß. Der gemessene Strom ist also niedriger als der Strom, der im Stromkreis ohne Meßgerät fließt. Um den Meßfehler möglichst klein zu halten, dürfen Strommeßgeräte nur einen **sehr kleinen** Innenwiderstand haben.

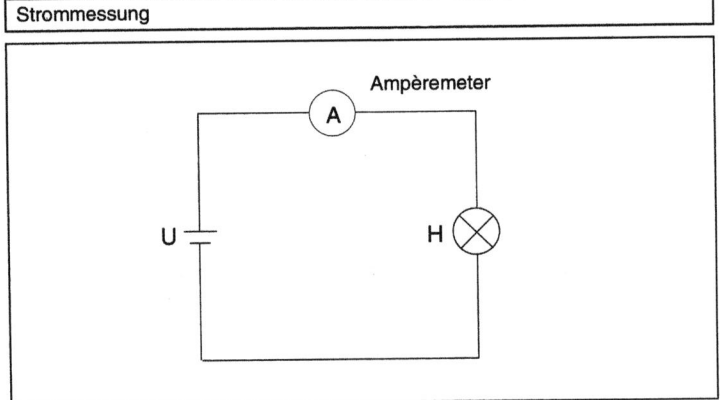

Kapitel 3

Elektrische Bauelemente

Elektrische Bauelemente Festo Didactic

Der Signalsteuerteil in elektrohydaulischen Steuerungen besteht aus elektrischen oder elektronischen Bauelementen. Je nach Aufgabenstellung kann der Signalsteuerteil unterschiedlich aufgebaut werden:

- Bei relativ einfachen Steuerungen werden entweder kontaktbehaftete elektromechanische Bauelemente (z.B. Relais) oder eine Kombination aus kontaktbehafteten Bauelementen und kontaktlosen elektronischen Komponenten verwendet.

- Bei komplexen Aufgabenstellungen werden dagegen bevorzugt speicherprogrammierbare Steuerungen eingesetzt.

Die Schaltungsbeispiele und Erläuterungen in diesem Lehrbuch beziehen sich in erster Linie auf elektromechanische Komponenten. Daneben werden auch einige kontaktlose Bauelemente behandelt.

3.1 Netzteil

Steuerungen für elektrohydraulische Anlagen erhalten die elektrische Energie üblicherweise nicht über einen eigenen Spannungserzeuger (z.B. Batterie), sondern sie werden über ein Netzteil an das Energieversorgungsnetz angeschlossen.

Sicherheitshinweis

Netzteile von elektronischen Schaltungen gelten als Bestandteile der Starkstromanlage (DIN VDE 0100). Es sind deshalb unbedingt die Sicherheitsvorschriften für Starkstromanlagen zu beachten!

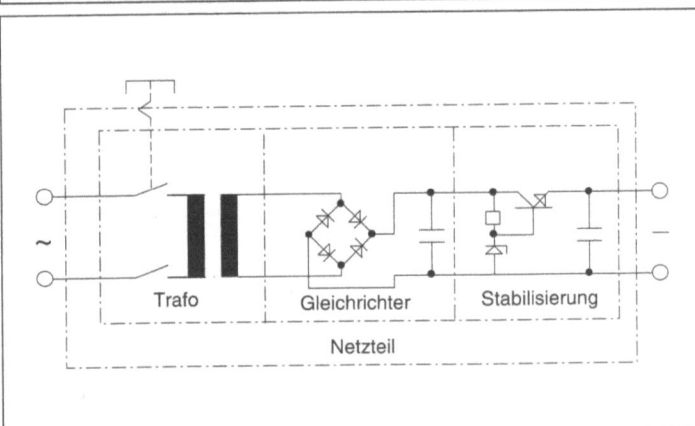

Baugruppen eines Netzteiles

Elektrische Bauelemente Festo Didactic

Ein Netzteil besteht aus folgenden Baugruppen:
- Der Netztrafo wandelt die Wechselspannung des Versorgungsnetzes (z.B. 220 V) in die Ausgangsspannung um (meistens 24 V).
- Über den Gleichrichter G und den Kondensator C wird eine geglättete Gleichspannung erzeugt.
- Anschließend wird die Gleichspannung vom Längsregler stabilisiert.

Um den Stromzufluß zu einem Verbraucher zu öffnen oder zu schließen, werden in den Stromkreis Schalter eingebaut. Diese Schalter werden in die beiden Hauptbauarten Tastschalter (Taster) und Stellschalter eingeteilt. Beide Schalter gibt es in den Bauvarianten Öffner, Schließer oder Wechsler.

3.2 Elektrische Eingabeelemente

- Beim Stellschalter werden beide Schaltstellungen mechanisch verriegelt. Eine Schaltstellung bleibt also immer so lange erhalten, bis der Schalter erneut betätigt wird.

Stellschalter

- Ein Taster öffnet oder schließt einen Stromkreis immer nur kurzzeitig. Die gewählte Schaltstellung bleibt nur für die Dauer der Betätigung des Tasters erhalten.

Taster

In der Ausführung als Schließer ist der Stromkreis in der Ruhestellung des Tasters, d.h. in unbetätigtem Zustand, geöffnet. Durch Betätigen des Schaltstößels wird der Stromkreis geschlossen; Strom fließt zum Verbraucher. Nach Loslassen des Schaltstößels wird der Taster durch Federkraft in seine Ausgangsstellung zurückgebracht; der Stromkreis ist unterbrochen.

Schließer

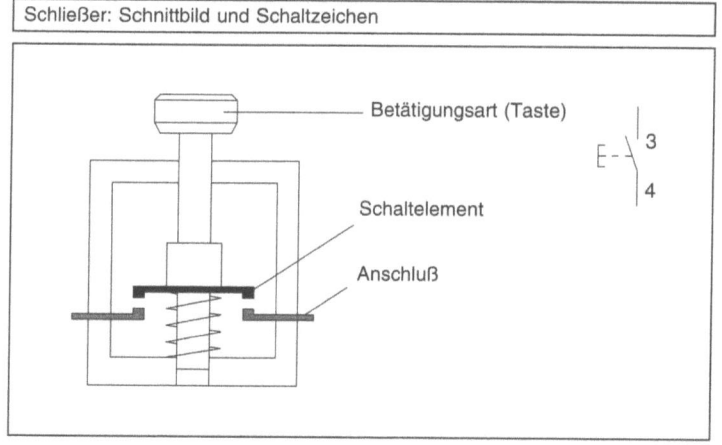

Schließer: Schnittbild und Schaltzeichen

129

Elektrische Bauelemente Festo Didactic

Öffner

In der Ausführung als Öffner ist der Stromkreis in der Ruhestellung des Tasters geschlossen. Die Federkraft sorgt dafür, daß die Kontakte so lange geschlossen bleiben, bis der Taster betätigt wird. Beim Betätigen wird der Schaltkontakt gegen die Federkraft geöffnet. Der Stromfluß zum Verbraucher ist unterbrochen.

Öffner: Schnittbild und Schaltzeichen

[Schnittbild: Betätigungsart (Taste), Anschluß, Schaltelement; Schaltzeichen mit Anschlüssen 1 und 2]

Wechsler

Die dritte Bauvariante ist der Wechsler. Er vereinigt sowohl die Öffner- als auch die Schließerfunktion in einem Gerät. Wechsler werden eingesetzt, um gleichzeitig einen Stromkreis zu schließen und einen anderen zu öffnen. Dabei ist allerdings zu beachten, daß beim Umschalten beide Stromkreise kurzzeitig unterbrochen werden.

Wechsler: Schnittbild und Schaltzeichen

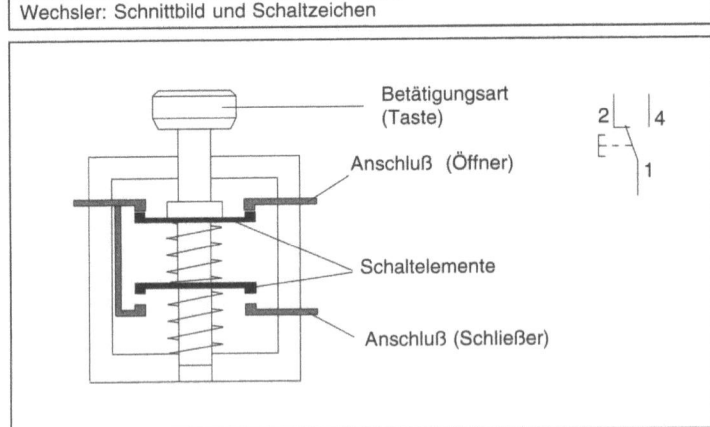

Elektrische Bauelemente **Festo Didactic**

Sensoren werden verwendet, um Informationen über den Zustand einer Anlage zu erfassen und an die Steuerung weiterzugeben. In elektrohydraulischen Anlagen werden Sensoren in erster Linie für folgende Aufgaben eingesetzt: **3.3 Sensoren**

- Messung und Überwachung von Druck und Temperatur der Druckflüssigkeit,
- Erfassung der Annäherung, der Position oder Endlage von Arbeitselementen.

Ein mechanischer Grenztaster ist ein elektrischer Taster, der betätigt wird, wenn sich ein Maschinenteil oder ein Werkstück in einer bestimmten Position befindet. In der Regel geschieht dies durch einen Nocken, der den beweglichen Schalthebel betätigt. Grenztaster sind meist als Wechsler ausgelegt, um die Funktionen Schließen, Öffnen oder Wechseln von Stromkreisen ausführen zu können. Grenztaster

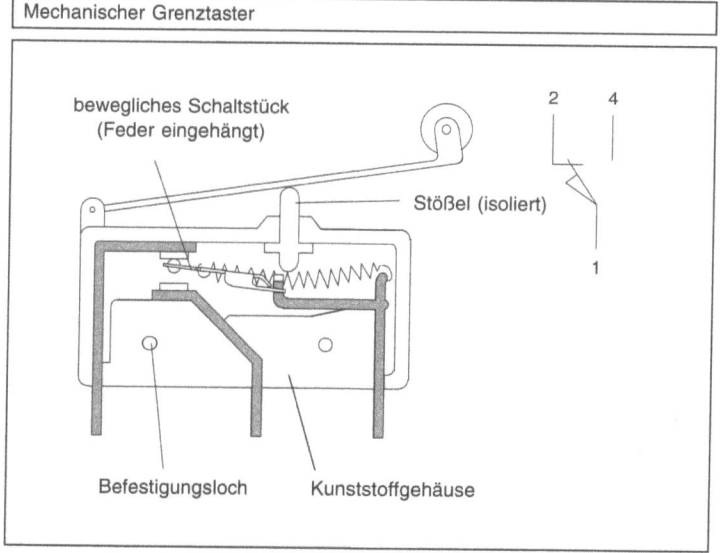

Mechanischer Grenztaster

Druckschalter dienen als Steuer- oder Überwachungsgeräte. Sie können bei Erreichen eines vorgewählten Druckes Stromkreise öffnen, schließen oder wechseln. Der Eingangsdruck wirkt auf eine Kolbenfläche. Die daraus resultierende Kraft wirkt gegen eine einstellbare Federkraft. Übersteigt der Druck die Federkraft, so bewegt sich der Kolben und betätigt den Kontaktsatz. Druckschalter

Elektrische Bauelemente **Festo Didactic**

Bei Druckschaltern mit mechanisch betätigtem Kontaktsatz kann statt der Schraubenfeder eine Membran, ein Wellrohr oder eine Rohrfeder verwendet werden.

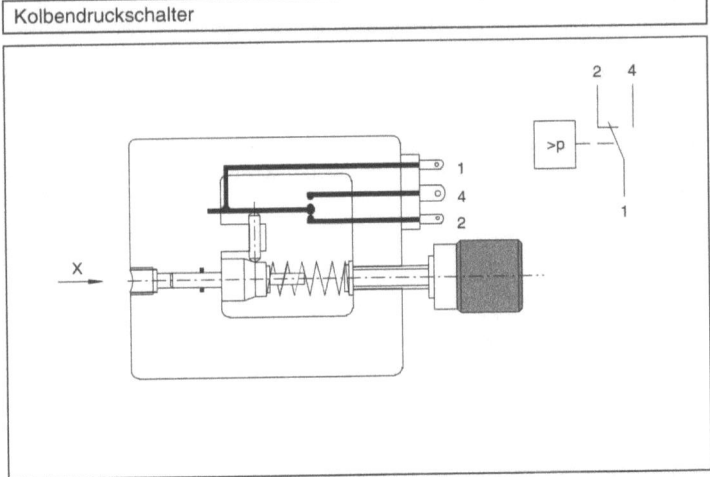

Kolbendruckschalter

Eine wachsende Bedeutung gewinnen Membrandruckschalter, bei denen der Kontakt nicht mehr mechanisch betätigt, sondern elektronisch geschaltet wird. Dazu werden druck- oder kraftempfindliche Sensoren benötigt, die einen der folgenden physikalischen Effekte ausnutzen:

- Der Widerstandseffekt (Membrane mit Dehnmeßstreifen, Änderung des elektrischen Widerstandes bei Formänderung),

- der piezoresistive Effekt (Änderung des elektrischen Widerstandes bei Änderung der mechanischen Spannung),

- der piezoelektrische Effekt (Erzeugung einer elektrischen Ladung durch mechanische Beanspruchung),

- der kapazitive Effekt (Änderung der Kapazität bei Änderung der mechanischen Beanspruchung).

Das eigentliche druckempfindliche Element wird durch Diffusion, Aufdampfen oder Aufätzen auf die Membrane aufgebracht. Durch eine entsprechende elektronische Beschaltung erhält man ein verstärktes, analoges Ausgangssignal. Dieses Signal kann zur Druckanzeige oder als Signal zum Weiterschalten verwendet werden.

Elektrische Bauelemente   Festo Didactic

Berührungslose Näherungsschalter zeichnen sich gegenüber mechanisch betätigten Grenztastern dadurch aus, daß sie ohne äußere mechanische Betätigungskraft ausgelöst werden können. Man unterscheidet folgende Gruppen von Näherungsschaltern: Näherungsschalter

- Magnetisch betätigte Näherungsschalter (Reedschalter),
- induktive Näherungsschalter,
- kapazitive Näherungsschalter und
- optische Näherungsschalter.

Reedschalter sind magnetisch betätigte Näherungsschalter. Sie bestehen aus zwei Kontaktzungen, die sich in einem schutzgasgefüllten Glasröhrchen befinden. Tritt nun ein Magnet in das Wirkungsfeld dieser Kontaktzungen, werden diese geschlossen und können ein elektrisches Signal weiterschalten. Die Öffnerfunktion bei Reedkontakten läßt sich dadurch erzielen, daß die Kontaktzungen mit kleinen Magneten vorgespannt werden. Diese Vorspannung wird durch den wesentlich stärkeren Schaltmagneten überwunden. Im folgenden sind die wichtigsten Eigenschaften von Reedschaltern zusammengefaßt: Reedschalter

- hohe Lebensdauer,
- wartungsfrei,
- Schaltzeit ≈ 0,2 ms,
- begrenzte Ansprechempfindlichkeit,
- ungeeignet an Einsatzorten mit starken Magnetfeldern (z.B. Widerstands-Schweißmaschinen).

Reedschalter, Schließer

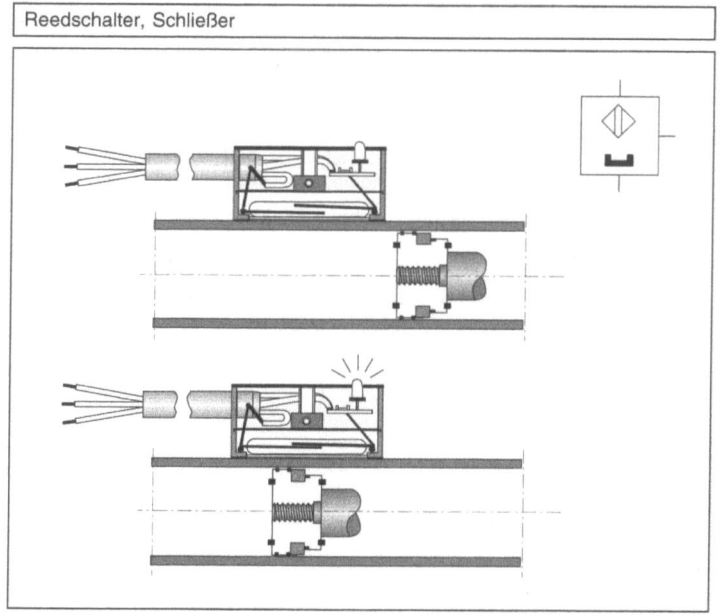

Induktive Näherungsschalter

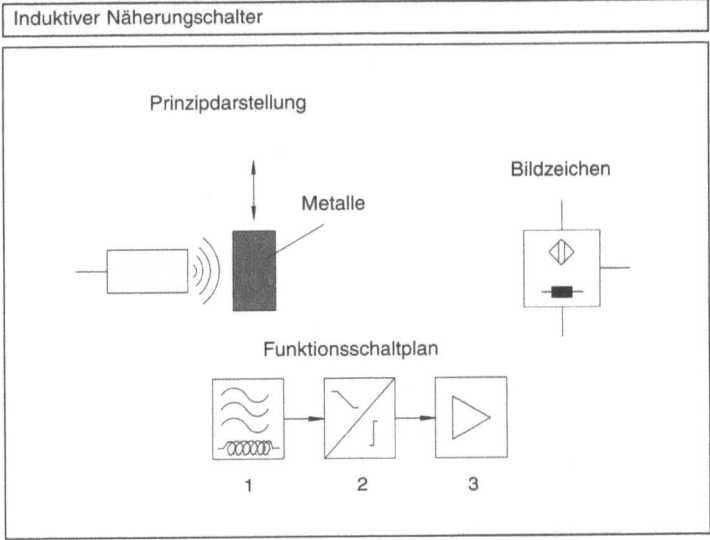

Der induktive Näherungsschalter besteht aus einem Schwingkreis (1), einer Kippstufe (2) und einem Verstärker (3). Bei Anlegen der Spannung an die Anschlüsse erzeugt der Schwingkreis ein aus der Stirnfläche des Näherungsschalters austretendes, hochfrequentes magnetisches Wechselfeld. Wird ein guter elektrischer Leiter in dieses magnetische Wechselfeld gebracht, wird der Schwingkreis gedämpft. Die nachgeschaltete Kippstufe wertet das Schwingkreissignal aus und steuert über den Verstärker den Schaltausgang an.

Induktive Näherungsschalter zeichnen sich durch folgende Eigenschaften aus:

- Mit induktiven Näherungsschaltern lassen sich alle elektrisch gut leitenden Materialien erkennen. Ihre Funktion ist weder auf magnetisierbare Werkstoffe noch auf Metalle begrenzt, sie erkennen beispielsweise auch Graphit.

- Gegenstände werden erkannt, unabhängig davon, ob sie sich bewegen oder nicht.

- Flächenhafte Gegenstände werden besser erkannt, als Gegenstände, die im Verhältnis zur Sensorfläche klein sind (z.B. Späne).

- Sie werden hauptsächlich als digitale Schalter eingesetzt.

Elektrische Bauelemente   Festo Didactic

Kapazitive Näherungsschalter messen die Kapazitätsänderung, die durch das Annähern eines Gegenstandes im elektrischen Feld eines Kondensators hervorgerufen wird. Der Näherungsschalter besteht dabei aus einem ohmschen Widerstand, einem Kondensator (RC-Schwingkreis) und einer elektronischen Schaltung. Zwischen aktiver Elektrode und Masseelektrode wird in den Raum hinein ein elektrostatisches Feld aufgebaut. Wird nun ein Gegenstand in dieses Streufeld eingebracht, ändert sich die Kapazität des Kondensators. Dabei werden nicht nur alle elektrisch gut leitfähigen Materialien wie Metalle detektiert, sondern darüber hinaus alle Isolatoren, die über eine große Dielektrizitätskonstante verfügen. Erfaßt werden Materialien wie Kunststoffe, Glas, Keramik, Flüssigkeiten und Holz.

Kapazitive Näherungsschalter

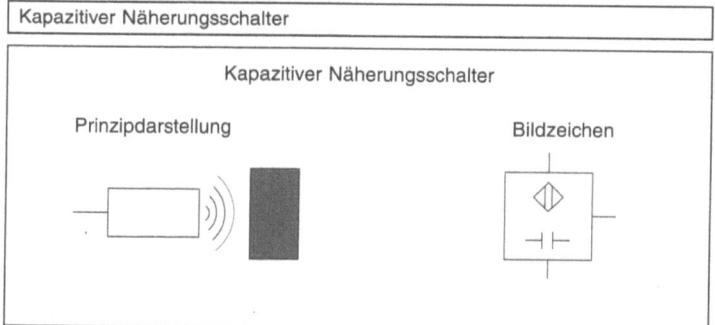

Kapazitiver Näherungsschalter

Man unterscheidet drei Arten von optischen Näherungsschaltern:

- Einweg-Lichtschranke
- Reflexions-Lichtschranke
- Reflexions-Lichttaster

Optische Näherungsschalter

Die Einweg-Lichtschranke besteht aus räumlich voneinander getrennten Sender- und Empfängereinheiten. Die Bauteile werden so montiert, daß der Sender direkt auf den Empfänger strahlt. Wird der Lichtstrahl unterbrochen, öffnen oder schließen die Kontakte.

Einweg-Lichtschranke

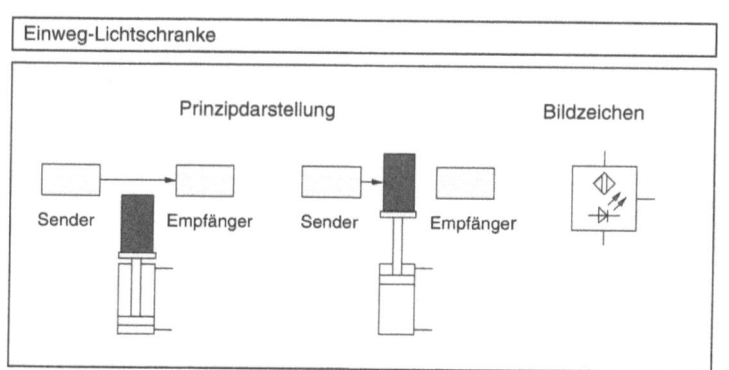

Elektrische Bauelemente — **Festo Didactic**

Reflexions-Lichtschranke

Reflexions-Lichtschranken haben Sender und Empfänger nebeneinander angeordnet. Um diese Lichtschranken betreiben zu können, muß ein Reflektor so montiert werden, daß der vom Sender ausgesandte Lichtstrahl praktisch vollständig auf den Empfänger reflektiert wird. Auch hier wird die Unterbrechung des Lichtstrahls zum Schalten ausgewertet.

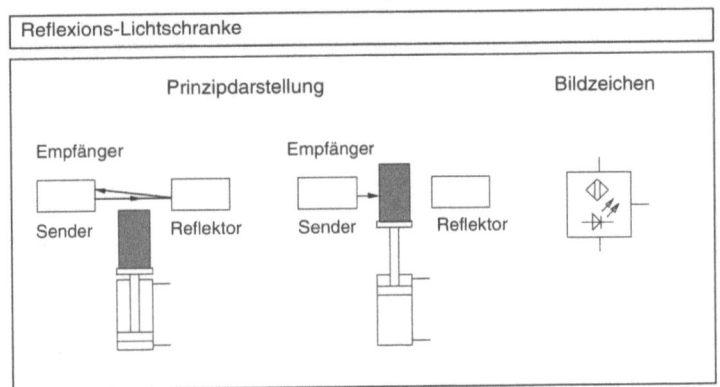

Reflexions-Lichttaster

Wie bei der Reflexions-Lichtschranke sind beim Reflexions-Lichttaster Sender und Empfänger nebeneinander angeordnet. Wird ein reflektierender Körper vom Sender angestrahlt, so wird vom Empfänger das reflektierte Licht aufgenommen und ein Schaltsignal erzeugt. Je stärker dabei die Reflexionsfähigkeit des eingebrachten Körpers, desto sicherer wird er erkannt.

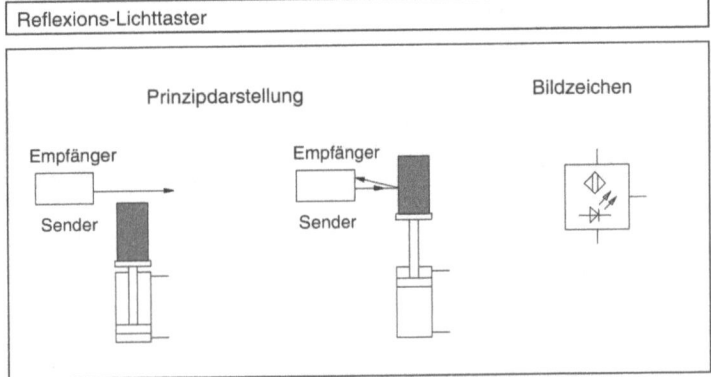

Elektrische Bauelemente   Festo Didactic

Die Darstellung von Relais und Schützen im elektrischen Schaltplan ist ident- **3.4 Relais und Schütz**
isch, ebenso ihre prinzipielle Wirkungsweise.

- Relais werden zum Schalten relativ kleiner Leistungen und Ströme verwendet,
- Schütze zum Schalten relativ großer Leistungen und Ströme.

Das Relais ist ein elektromagnetisch betätigter Schalter. Es besteht aus einem   Relais
Gehäuse mit Elektromagnet und beweglichen Kontakten. Beim Anlegen einer
Spannung an die Spule des Elektromagneten entsteht ein elektromagnetisches
Feld. Dadurch wird der bewegliche Anker zum Spulenkern hingezogen. Der
Anker betätigt den Kontaktsatz. Dieser kann eine bestimmte Anzahl von Kon-
takten mechanisch öffnen oder schließen. Wird der Stromdurchfluß der Spule
unterbrochen, bewirkt eine Feder die Rückstellung des Ankers in die Aus-
gangsstellung.

Relais

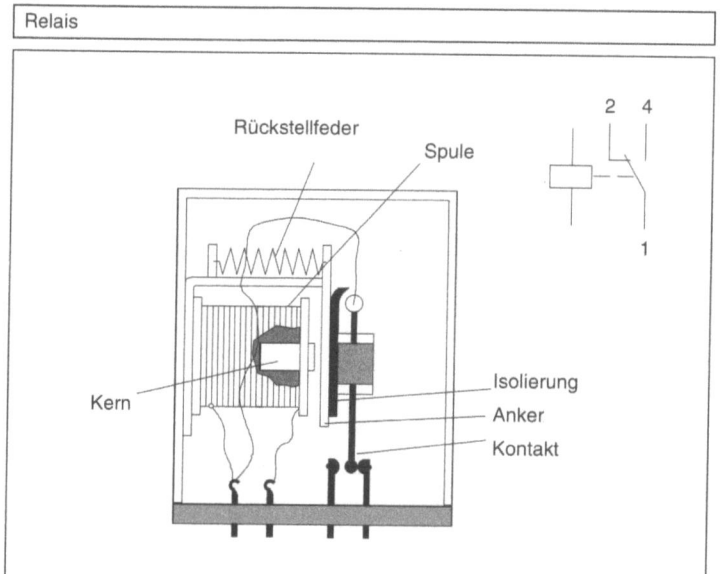

Es gibt verschiedene Relaisbauarten, z.B. Zeit- und Zählrelais. Relais lassen   Anwendungsbeispiele
sich für unterschiedliche Regelungs-, Steuer- und Überwachungsfunktionen
einsetzen:

- als Schnittstelle zwischen Steuerkreis und Lastkreis,
- zur Signalvervielfachung,
- zur Trennung zwischen Gleich- und Wechselstromkreis,
- zum Verzögern, Formen und zum Wandeln von Signalen und
- zum Verknüpfen von Informationen.

Elektrische Bauelemente — **Festo Didactic**

Anschlußbezeichnungen und Schaltzeichen

Relais weisen je nach Bauart eine unterschiedliche Anzahl von Öffnern, Schließern, Wechslern, Spät-Öffnern, Spät-Schließern und Spät-Wechslern auf. Die Anschlußbezeichnungen der Relais sind genormt (DIN EN 50 005, 50011-13):

- Relais werden mit K1, K2, K3 usw. bezeichnet.
- Die Spulenanschlüsse erhalten die Bezeichnungen A1 und A2.
- Die vom Relais geschalteten Kontakte werden in Schaltplänen ebenfalls mit K1, K2 usw. bezeichnet.
- Für die Schaltkontakte gibt es zusätzlich zweistellige Kennziffern. Die erste Stelle dient zur Durchnumerierung aller vorhandenen Kontakte (Ordnungsziffer), die zweite Stelle gibt die Art des Kontaktes an (Funktionsziffer).

Funktionsziffern für Relais

1	2		Öffner
3	4		Schließer
5	6		Öffner, zeitverzögert
7	8		Schließer, zeitverzögert
1	2	4	Wechsler
5	6	8	Wechsler, zeitverzögert

Schaltzeichen und Anschlußbezeichnungen eines Relais

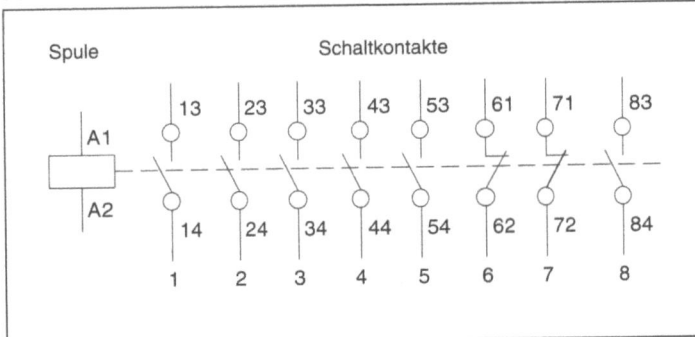

Schütz

Schütze arbeiten nach dem gleichen Grundprinzip wie Relais. Typische Merkmale eines Schütz sind:

- die Doppelunterbrechung (je Kontakt 2 Unterbrechungsstellen),
- zwangsgeführte Kontakte und
- geschlossene Schaltkammern (Lichtbogenlöschkammern).

Elektrische Bauelemente Festo Didactic

| Schütz |

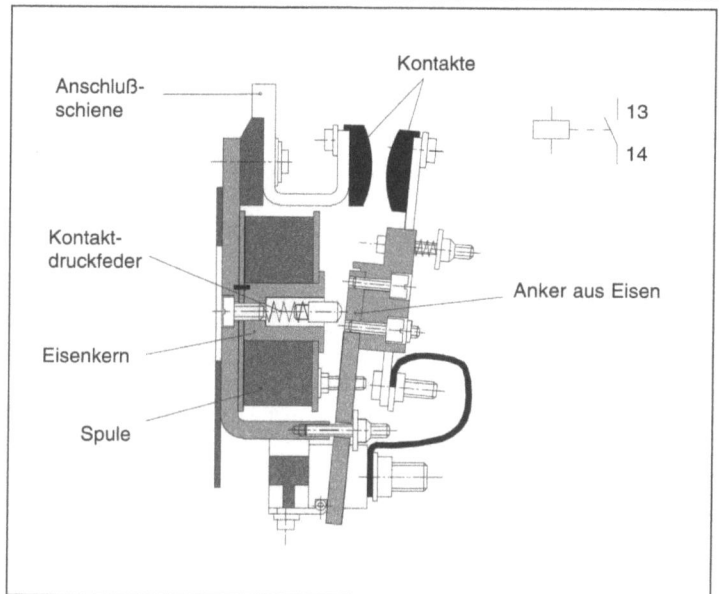

Ein Schütz besitzt mehrere Schaltglieder, üblich sind 4 - 10 Kontakte. Auch bei Schützen gibt es verschiedene Bauarten mit Kombinationen von Öffnern, Schließern, Wechslern, Spätöffnern usw. Die Kontakte werden unterschieden in Hauptschaltglieder und Hilfsschaltglieder (Steuerkontakte).

- Leistungen von 4 - 30 kW werden über die Hauptschaltglieder geschaltet.
- Über die Hilfsschaltglieder können gleichzeitig weitere Steuerfunktionen oder logische Verknüpfungen geschaltet werden.
- Schütze, die nur Hilfsschaltglieder (Steuerkontakte) schalten, nennt man Hilfsschütze (Steuerschütze).
- Zur Unterscheidung nennt man Schütze mit Hauptschaltgliedern zur Leistungsschaltung Leistungsschütze (Hauptschütze).

Schützenkombinationen, die Drehstrommotoren einschalten, haben nach DIN 40 719 die Kennbuchstaben K (für Schütz) und M (für Motor) sowie eine Zählnummer. Die Zählnummer kennzeichnet die Aufgabe des Gerätes. Beispiel: K1M = Netzschütz, dreifach polumschaltbar, eine Drehzahl.

Elektrische Bauelemente   Festo Didactic

3.5 Elektromagnete

Ventile werden in der Elektrohydraulik über Elektromagnete angesteuert. In die Spulenwicklung des Elektromagneten wird ein Eisenkern, der Anker, eingebracht. Eingebettet in diesen Anker ist ein nichtmagnetischer Stößel. Wird nun die Spule mit Strom versorgt, bildet sich ein Magnetfeld aus, das den Anker anzieht. Der mit dem Anker verbundene Stößel schaltet dann den Ventilschieber (s. Abbildung auf der nächsten Seite).

Hubmagnete besitzen zwei Endstellungen.

- Die erste Endstellung wird beim Stromdurchgang erzielt (Magnet zieht an, Stellung C),
- die zweite Endstellung im stromlosen Zustand über eine Rückstellfeder (Magnet fällt ab, Stellung A).

Der Stößel drückt bei jedem Schaltvorgang zusätzlich gegen die Rückstellfeder des Ventils, was seine Kraft in Anzugsrichtung verringert.

- Zu Beginn der Hubbewegung ist die Magnetkraft klein. Deswegen beginnt die Bewegung des Ankers mit einem kleinen Leerhub (Stellung A).
- Erst bei Erreichen einer höheren Magnetkraft wird der Steuerschieber des Wegeventils geschaltet (Stellung B).

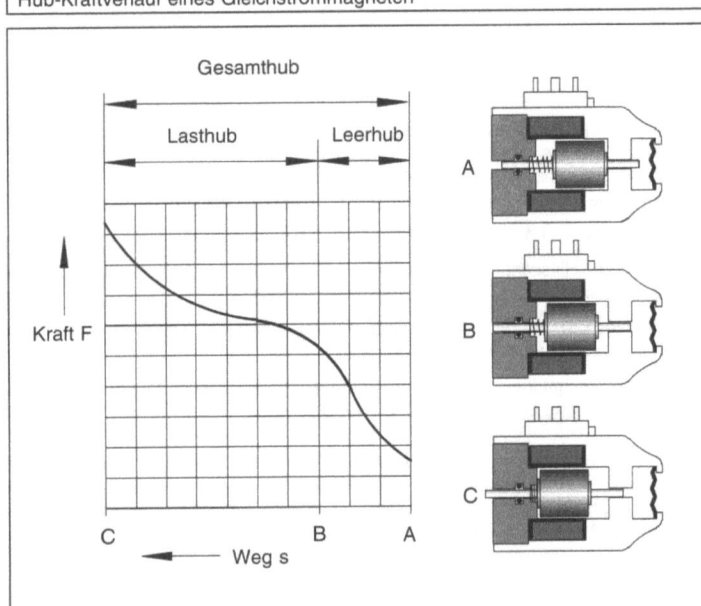

Elektrische Bauelemente   Festo Didactic

Elektromagnete gibt es für Gleich- oder Wechselstrom. Wechselstrommagnete mit 230 V werden aus Sicherheitsgründen (gefährliche Berührungsspannung) immer weniger verwendet.   *Gleich- und Wechselstrommagnete*

Beim Abschalten des Elektromagneten wird der Stromfluß unterbrochen. Dabei entsteht durch das Zusammenbrechen des Magnetfeldes eine Spannungsspitze in entgegengesetzter Richtung. Eine Schutzbeschaltung ist unbedingt erforderlich, da es sonst zur Zerstörung der Elektromagnete oder der Kontakte kommen kann.   *Funkenbildung*

Gleichstrommagnete werden als nasse und trockene Magnete hergestellt, Wechselstrommagnete dagegen ausschließlich als trockene Magnete.   *Bauarten*

Bei nassen Magneten ist im Ankerraum des Magneten Hydrauliköl. Der Magnet schaltet im Öl. Eine dichte Ausführung des Magnetgehäuses (nach außen) ist in diesem Fall erforderlich. Der Ankerraum ist mit dem Tankanschluß verbunden, damit keine hohen Drücke den Magneten belasten. Vorteile dieser heute sehr verbreiteten Bauform sind: *Nasser Magnet*

- absolute Dichtheit und geringe Reibung, da keine dynamisch beanspruchte Dichtung am Stößel vorhanden ist,
- stark verminderte Korrosion im Innern des Gehäuses und
- Dämpfung der Schaltvorgänge.

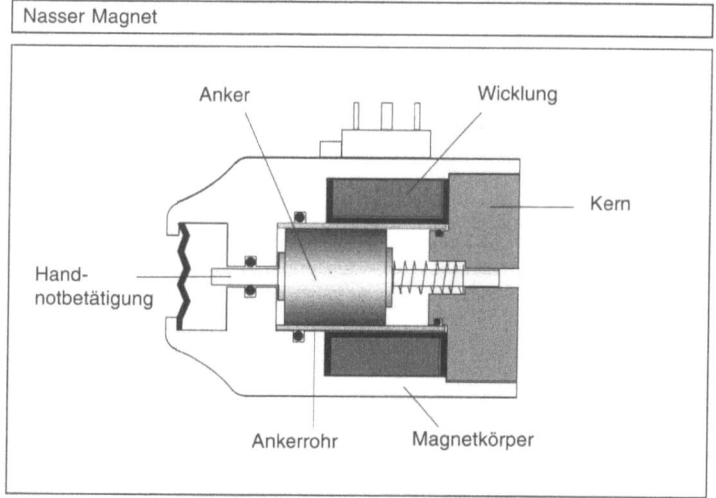

Nasser Magnet

Elektrische Bauelemente — **Festo Didactic**

Trockener Magnet

Die konstruktive Auslegung als trockener Magnet besagt, daß der Magnet vom Öl getrennt ist. Der Stößel ist mit einer Dichtung gegen das Öl im Ventil abgedichtet. Der Magnet muß deshalb zusätzlich zur Federkraft und der Reibung des Steuerschiebers die Reibung zwischen Stößel und Abdichtung überwinden.

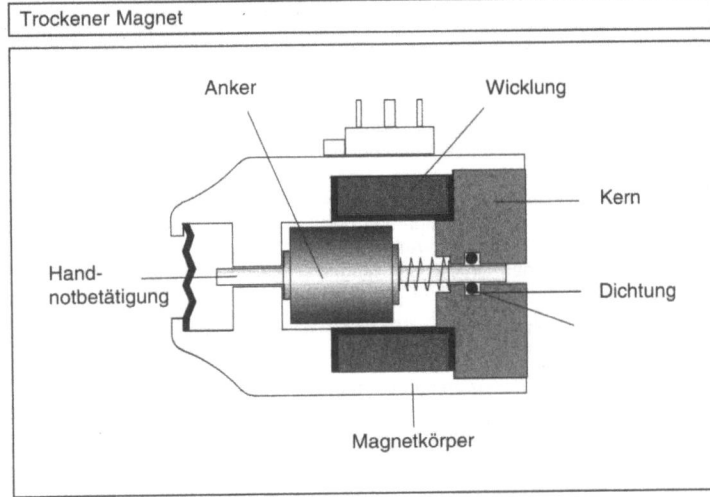

Trockener Magnet

Stecker für Magnetventile (Leitungsdosen)

Beim Zusammenbau der Ventile wird der Elektromagnet direkt mit dem Ventilkörper verschraubt. Bei Defekten ist so jederzeit eine leichte Auswechslung möglich. Aus dem Magneten ragen drei Kontakte (Steckerstifte), über die die Magnetspule mit Strom versorgt wird. Die Abstände der Steckkontakte sind in DIN 43 650 festgelegt.

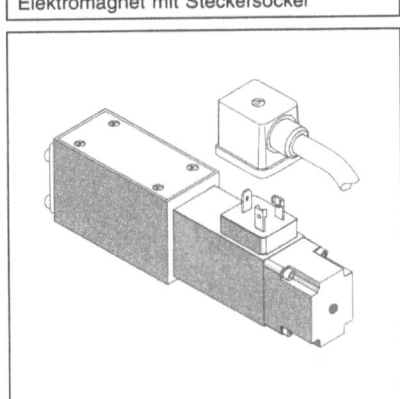

Elektromagnet mit Steckersockel

Elektrische Bauelemente Festo Didactic

Auf diese Kontakte werden die Leitungsdosen mit einer unverlierbaren Zylinderschraube aufgeschraubt. Durch eine aufgesteckte Dichtung zwischen Magnetsockel und Leitungsdose wird ein Schutz gegen Staubeintritt und Strahlwasser erreicht (Schutzart IP 65 nach DIN 40 050).

Die Gehäuseabmessungen der Leitungsdosen sind je nach Hersteller unterschiedlich.

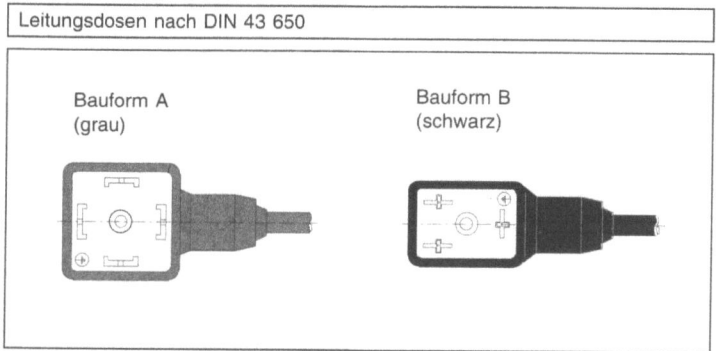

Leitungsdosen nach DIN 43 650

Bauform A (grau)

Bauform B (schwarz)

Liegt eine Magnetspule im Stromkreis, speichert sie magnetische Energie. Diese magnetische Energie wird beim Abschalten abgebaut. Je schneller die Abschaltung erfolgt, desto schneller wird die Energie abgebaut und desto höher wird die Induktionsspannungsspitze. Diese kann einen Isolationsdurchschlag im Stromkreis hervorrufen oder den Schaltkontakt durch einen Lichtbogen (Abrißfunken) zerstören.

Funkenlöschung bei Magnetventilen

Um eine Zerstörung der Kontakte oder der Spule zu vermeiden, muß die in der Spule gespeicherte Energie beim Abschalten langsam abgebaut werden. Dazu ist eine Schutzbeschaltung notwendig. Zur Realisierung dieser Schutzbeschaltung gibt es verschiedene Möglichkeiten. Allen Schutzbeschaltungen ist jedoch gemeinsam, daß der Strom durch die Spule beim Abschalten nicht plötzlich, sondern langsam und kontinuierlich verändert wird.

Die beiden häufigsten Beschaltungen sind in den folgenden Bildern dargestellt:

- Beschaltung mit einer Diode,
- Beschaltung mit einem Kondensator und einem Widerstand.

Elektrische Bauelemente — Festo Didactic

Bei der Funkenlöschung mit Diode ist zu beachten, daß die Diode bei geschlossenem Kontakt in Sperrichtung gepolt ist.

Schutzbeschaltung mit Diode

Schutzbeschaltung für Stecker bzw. Adapter (mit Betriebsanzeige)

Stromkreis mit Schutzbeschaltung

Bei Gleichstrommagneten liegt die Polarität der Versorgungsspannung fest. Deshalb kann hier parallel zur Spule eine Leuchtdiode als Betätigungsanzeige geschaltet werden. Schutzbeschaltung und Betätigungsanzeige werden zweckmäßigerweise in einen Adapter eingebaut, der direkt auf die Magnetspule unter den Anschlußstecker gesteckt wird. Sie können auch direkt in den Anschlußstecker eingebaut werden.

Schutzbeschaltung mit Kondensator und Widerstand

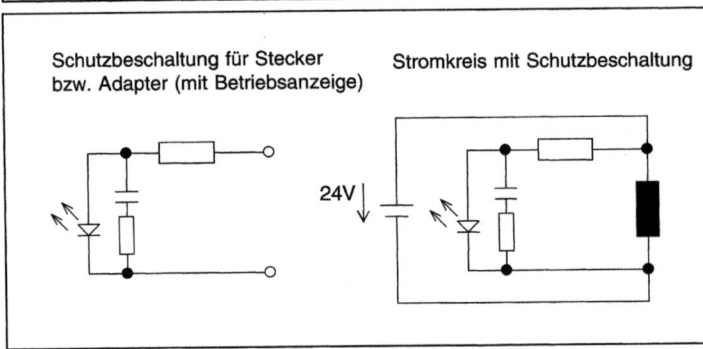

Schutzbeschaltung für Stecker bzw. Adapter (mit Betriebsanzeige)

Stromkreis mit Schutzbeschaltung

Bei allen elektrisch angesteuerten Anlagen wird der Signalsteuerteil in einen Schaltschrank eingebaut. Diese Schaltschränke sind je nach Verwendungszweck und Größe aus Kunststoff oder Stahlblech gefertigt. Beim Aufbau von Schaltschränken müssen folgende Normen beachtet werden:

3.6 **Schaltschrank**

- In DIN 41 488, Teil 1 bis 3, sind die Teilungsmaße für Schaltschränke und Schaltanlagen festgelegt.

- Die Baugruppenträger für Relais, Schütze, speicherprogrammierbare Steuerungen, Einschubkarten usw. und die Bauweise für elektronische Einrichtungen, Frontplatten und Gestelle für 19" Rahmen sind in DIN 41 494, Teil 2, genormt.

- In VDE 0113 sind Vorschriften für Einbauräume und Gehäuse von Schaltschränken und die Einbauhöhen der Geräte, die für Justierung und Wartung zugänglich sein müssen, beschrieben.

- Die Norm DIN 40 050 und IEC 144 behandelt den Schutz (Berührungsschutz) von Personen vor elektrischen Betriebsmitteln durch Gehäuse oder Abdeckungen. Der Schutz der Betriebsmittel gegen Eindringen von Wasser und Staub und die international vereinbarten Schutzarten sind hier ebenfalls festgelegt.

Die signalverarbeitenden Bauelemente, wie z.B. Relais und Schütze, werden auf eine im Schaltschrank eingebaute Trageschiene (Hutschiene DIN EN 50 022-27, 32 und 35) aufgesteckt. Die elektrischen Verbindungen zu den außerhalb des Schaltschrankes befindlichen Sensoren werden über eine Klemmenleiste geführt. Diese wird ebenfalls auf eine Trageschiene aufgesteckt.

Im Schaltschrank befindet sich üblicherweise ein Installationsverteiler, über den sämtliche Ein- und Ausgangssignalleitungen angeschlossen werden. Für Fertigung, Montage und Wartung der Schaltschränke werden die elektrischen Schaltpläne und die Klemmenbelegungsliste benötigt.

Klemmenbelegung

- In die elektrischen Schaltpläne werden die Klemmen (Installationsverteiler DIN 43 880) eingezeichnet.

- In der Klemmenbelegungsliste (Anschlußplan), die aus dem Schaltplan abgeleitet wird, werden die inneren (im Schaltschrank) und äußeren Verbindungen (an der Anlage) jeweils einer Seite der Klemmenleiste zugeordnet. Jede Klemme wird mit einem X und einer Folgenummer bezeichnet.

Die ausführliche Darstellung von Schaltungsunterlagen finden Sie in DIN 40 719; die Klemmenbezeichnungen in DIN EN 50 011.

Das folgende Beispiel verdeutlicht, wie man den elektrischen Schaltplan und die Klemmenbelegungsliste für den Schaltschrank aus einer Aufgabenstellung ableitet. Die Kolbenstange eines Zylinders (1.0) soll durch kurzzeitiges Betätigen eines Tasters (S1) ausfahren. Als weitere Startbedingung muß sich die Kolbenstange in der hinteren Endlage befinden – Näherungsschalter (B1) betätigt. Die Geschwindigkeit kann mit einem Drosselrückschlagventil verändert werden. Nach Erreichen der vorderen Endlage soll die Kolbenstange durch das elektrische Signal des Grenztasters (S2) umgesteuert werden.

Beispiel

Elektrische Bauelemente — **Festo Didactic**

Weg-Schritt-Diagramm

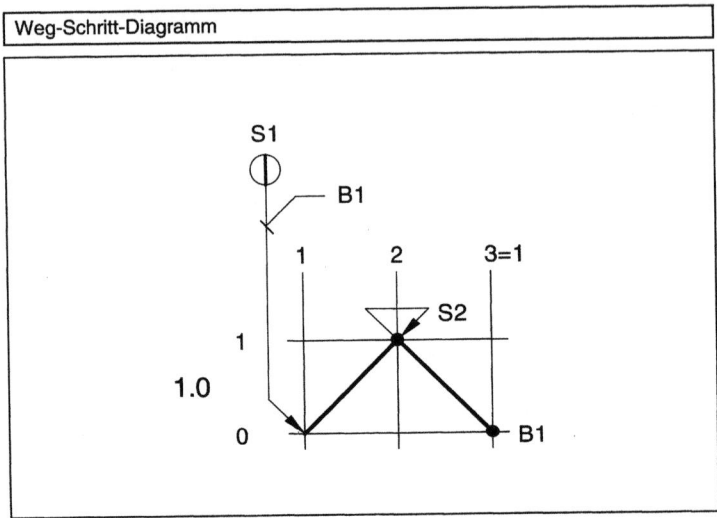

Hydraulischer Schaltplan

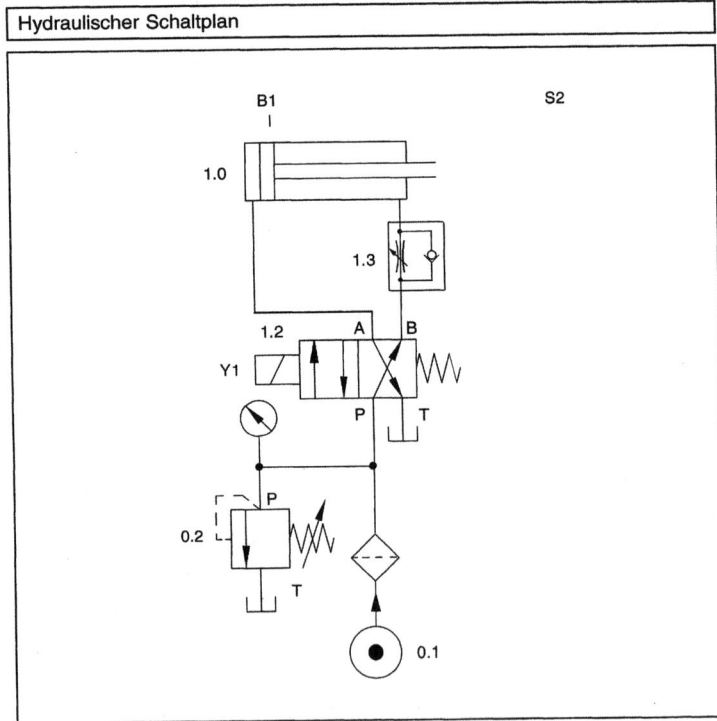

Elektrische Bauelemente   Festo Didactic

Elektrischer Schaltplan mit Klemmenbezeichnung

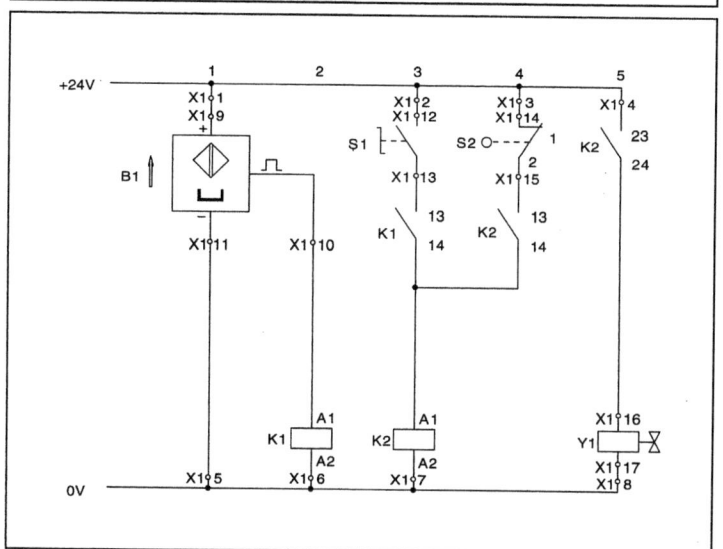

Klemmenbelegungsliste (Anschlußplan)

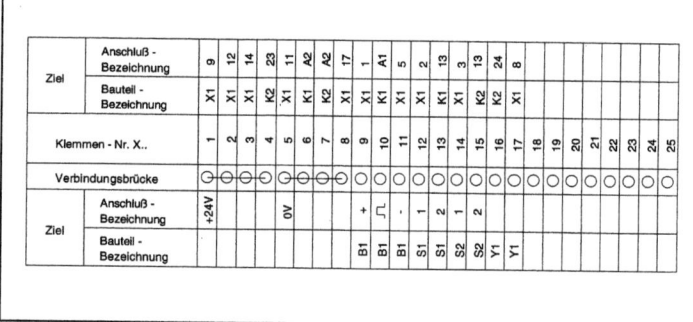

Elektrische Bauelemente   Festo Didactic

3.7 Spannungsversorgung einer elektrohydraulischen Anlage

Für den Signalsteuerteil und den Energiesteuerteil werden 24 V Gleichspannung benötigt. Für den Energieversorgungsteil, bestehend aus Hydropumpe und elektrischem Antriebsmotor, wird entweder 220 V oder 380 V Wechselspannung benötigt. Als Beispiel ist die Beschaltung des elektrischen Antriebsmotors für eine Hydraulikpumpe dargestellt.

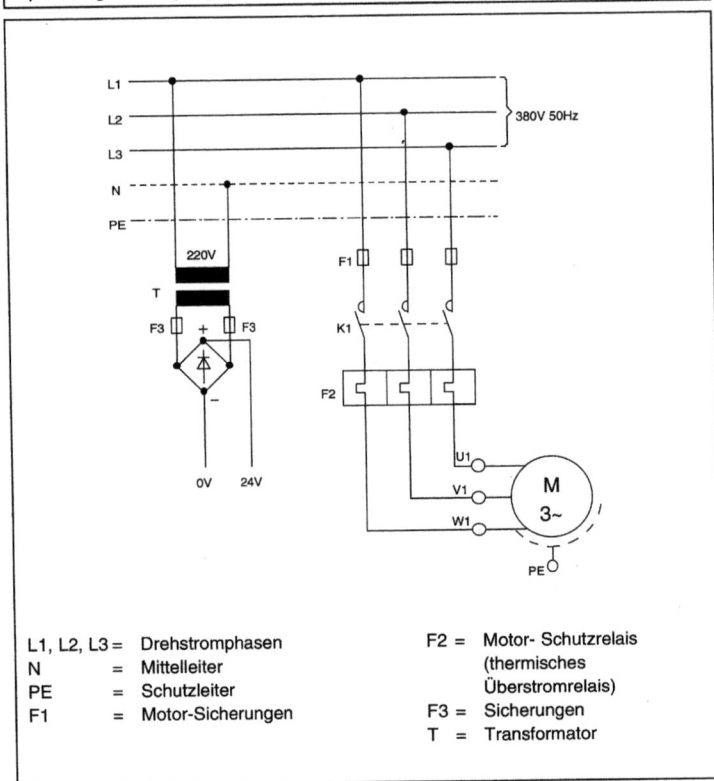

Spannungsversorgung für einen elektrischen Motor (3-phasig)

L1, L2, L3 =	Drehstromphasen	
N =	Mittelleiter	
PE =	Schutzleiter	
F1 =	Motor-Sicherungen	
F2 =	Motor- Schutzrelais (thermisches Überstromrelais)	
F3 =	Sicherungen	
T =	Transformator	

Sicherheitshinweis

An elektrischen Anlagen mit über 50 V Wechselspannung bzw. 120 V Gleichspannung dürfen nur Elektrofachkräfte arbeiten. Für alle Anderen ist das Arbeiten an derartigen Anlagen verboten (Lebensgefahr!).

Die hier vorgestellten Steuerungen werden alle mit einer Schutzkleinspannung von 24 V Gleichspannung verwirklicht. Schutzkleinspannungen sind Nennspannungen bis 50V Wechselspannung oder 120V Gleichspannung. Durch Schutzkleinspannung können gefährliche Berührungsspannungen ausgeschlossen werden.

Kapitel 4

Sicherheitsvorschriften

4.1 Allgemeine Sicherheitsgrundsätze

In elektrohydraulischen Anlagen treten hohe Drücke, Temperaturen und Kräfte auf. Außerdem werden teilweise große Energiemengen gespeichert. Um beim Betrieb von elektrohydraulischen Anlagen eine Gefährdung von Menschen und Material weitestmöglich auszuschließen, sind eine ganze Reihe von Sicherheitsmaßnahmen erforderlich. Insbesondere sind die geltenden Sicherheitsvorschriften für elektrohydraulische Anlagen zu beachten!

Vorschriften und Normen

Für die Hydraulik gelten folgende Schutzvorschriften:

- Unfallverhütungsvorschriften, Richtlinien, Sicherheitsregeln und Prüfungsgrundsätze der gewerblichen Berufsgenossenschaften,

- Verordnung über Druckbehälter, Druckgasbehälter und Füllanlagen (Druckbehälterverordnung),

- DIN-Normen, VDI-Richtlinien, VDMA-Einheitsblätter und Technische Regeln für Druckbehälter, die insbesondere Hinweise und Vorschriften über Abmessungen, Gestaltung, Berechnungen, Werkstoffe und zulässige Belastungen sowie Festlegung von Funktionen und Anforderungen enthalten.

Bei elektrohydraulischen Anlagen müssen nicht nur die Vorschriften über Hydraulikanlagen, sondern zusätzlich die Vorschriften über elektrische Anlagen und Komponenten eingehalten werden (z.B. DIN VDE 0100).

4.2 Sicherheitsgrundsätze für elektrohydraulische Anlagen

Aufbau einer elektrohydraulischen Anlage

NOT-AUS-Taster an leicht erreichbarer Stelle installieren.

Nur **genormte Teile** verwenden.

Alle Änderungen sofort in den **Schaltplan** eintragen.

Nenndruck muß deutlich sichtbar sein.

Überprüfen, ob die eingebauten Geräte für den **maximalen Betriebsdruck** zugelassen sind.

Saugleitungen müssen so ausgeführt sein, daß keine Luft angesaugt werden kann.

Die **Öltemperatur** in der Ansaugleitung zur Pumpe überprüfen. Sie darf 60°C nicht überschreiten.

Die **Kolbenstangen der Zylinder** dürfen nicht auf Biegung beansprucht werden; es dürfen keine Seitenkräfte einwirken. Kolbenstangen vor Beschädigungen und Schmutz schützen.

Sicherheitsvorschriften | **Festo Didactic**

Inbetriebnahme einer elektrohydraulischen Anlage

Keine Anlage bedienen oder Schalter betätigen, deren Funktion nicht bekannt ist.

Sämtliche **Einstellwerte** müssen bekannt sein.

Energieversorgung erst einschalten, wenn alle Leitungen angeschlossen sind. Wichtig: Überprüfen, ob alle Rücklaufleitungen (Leckleitungen) zum Tank führen.

Zur ersten Inbetriebnahme der Anlage das **Systemdruckbegrenzungsventil** fast ganz öffnen und die Anlage erst langsam auf Betriebsdruck einstellen. Druckbegrenzungsventile müssen so eingebaut sein, daß sie nicht unwirksam werden können.

Anlage vor Inbetriebnahme sorgfältig **spülen**, dann Filterpatronen erneuern.

Anlage und Zylinder **entlüften**.

Vor allem sind die **Hydraulik-Leitungen zum Speicher** sorgfältig zu entlüften. Meistens kann am Sicherheits- und Absperrblock des Speichers entlüftet werden.

Besondere Vorsicht ist beim Umgang mit **Hydrospeichern** geboten. Vor Inbetriebnahme der Speicher sind die vom Hersteller vorgegebenen Vorschriften zu beachten.

Reparatur und Wartung einer elektrohydraulischen Anlage

Reparaturarbeiten an Hydraulikanlagen dürfen erst nach **Ablassen des Flüssigkeitsdruckes der Speicher** ausgeführt werden. Wenn möglich, Speicher von der Anlage (mittels Ventil) trennen. Speicherinhalt nie ungedrosselt ablassen! Aufstellung und Betrieb werden durch die Technischen Regeln für Druckbehälter (TRB) vorgegeben.

Nach Reparaturen **neue Inbetriebnahme** gemäß oben angeführten Sicherheitsvorschriften ausführen.

Alle **Hydrospeicher** unterliegen der Druckbehälterverordnung und müssen in regelmäßigen Abständen überprüft werden.

Sicherheitsvorschriften   Festo Didactic

4.3 Sicherheitsgrundsätze für elektrische Anlagen

Die Ausführungen in VDE 0113 enthalten Bestimmungen für elektrische Ausrüstung von Bearbeitungs- und Verarbeitungsmaschinen mit Netzspannung bis 1000 V. Diese Vorschriften sind sehr umfangreich und gelten für die elektrische Ausrüstung von allen ortsfesten und ortsveränderlichen Einzelmaschinen und für Maschinen in Produktionsstraßen und Fördereinrichtungen.

Wirkung des elektrischen Stroms auf den menschlichen Körper

Beim Berühren spannungsführender Teile einer elektrischen Anlage fließt ein elektrischer Strom durch den menschlichen Körper. Die Wirkung des Stroms steigt

- mit wachsendem Strom und
- wachsender Berührungsdauer.

Man unterscheidet verschiedene Schwellwerte:

- Ist der elektrische Strom niedriger als die Wahrnehmbarkeitsschwelle, so hat er keine Auswirkung auf den Menschen.
- Bis zur Loslaßschwelle wird ein elektrischer Strom zwar wahrgenommen, eine Verletzung oder eine Gefährdung ist jedoch noch nicht gegeben.
- Oberhalb der Loslaßschwelle verkrampfen die Muskeln, die Herzfunktion wird beeinträchtigt.
- Oberhalb der Flimmerschwelle kommt es zu Herzkammerflimmern und Herzstillstand sowie Atemstillstand und Bewußtlosigkeit, bei längerer Einwirkung zu schweren Verbrennungen. Es besteht akute Lebensgefahr!

Ein Vergleich der beiden folgenden Abbildungen zeigt, daß bei der Wechselspannung des Energieversorgungsnetzes (50/60 Hz) bereits geringere Ströme zur Gefährdung des Menschen führen als bei Gleichspannung.

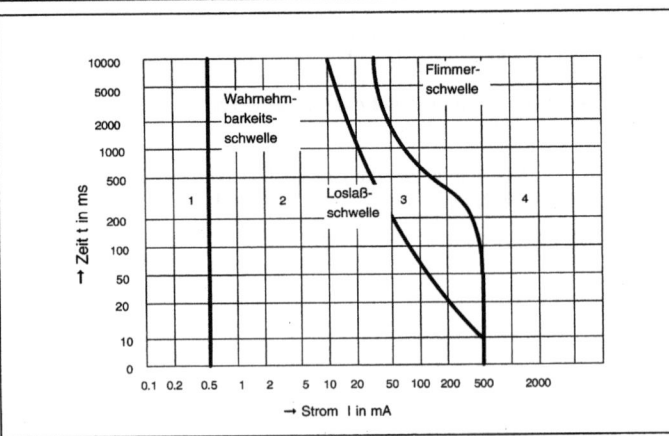

Gefährdungsbereiche bei Wechselstrom (50/60Hz)

Sicherheitsvorschriften   Festo Didactic

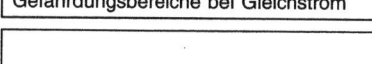

Gefährdungsbereiche bei Gleichstrom

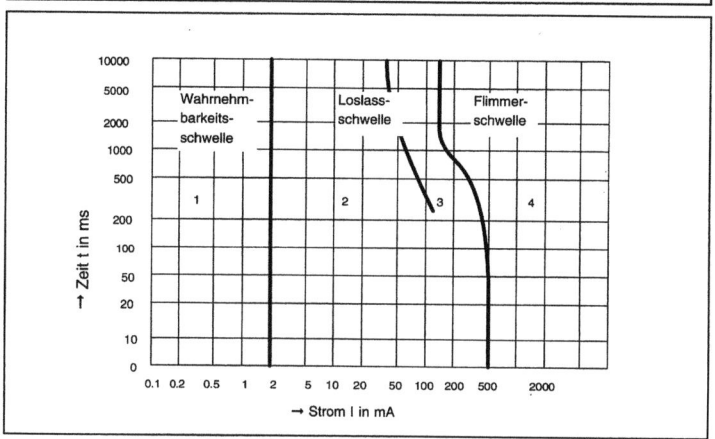

Gemäß dem Ohmschen Gesetz ist der Stromfluß und damit die Gefährdung eines Menschen umso größer,

- je höher die Spannung
- und je geringer der Innenwiderstand des Menschen ist.

Innenwiderstand des menschlichen Körpers

Als Anhaltswert für den Innenwiderstand des menschlichen Körpers wird bei Berührung eines spannungsführenden Teiles mit einer Hand und Abfluß des Stroms durch einen Fuß ein Wert von 1300 Ω angegeben.

Unmittelbare Lebensgefahr besteht ab einem Strom von 50 mA. Dies entspricht unter Berücksichtigung des Innenwiderstandes einer Berührspannung von

50 mA · 1300 Ω = 65 V.

Achtung: Auch bei Spannungen unter 65 V kann unter extrem ungünstigen Bedingungen (verschwitzte Kleidung, sehr große Berührfläche) Lebensgefahr bestehen!

Sicherheitsvorschriften — Festo Didactic

Schutzmaßnahmen im Signalsteuerteil

Üblicherweise beträgt die Versorgungsspannung im Signalsteuerteil von elektrohydraulischen Anlagen 24 V. Sie liegt damit erheblich unterhalb der kritischen Berührungsspannung von 65 V. Die Netzspannung wird im Netzteil durch einen Schutztrafo herabgesetzt.

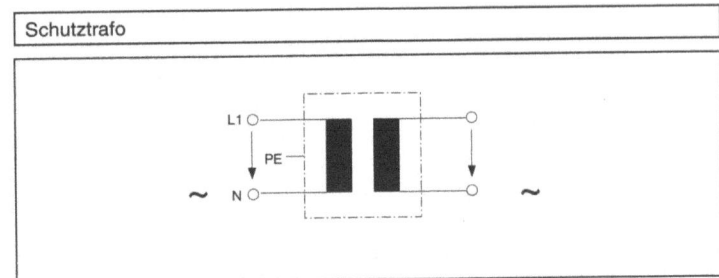

Schutztrafo

Schutz gegen direktes Berühren

Ein Schutz gegen Berührung der stromführenden Teile ist sowohl bei niedriger als auch bei hohen Spannungen vorgeschrieben. Er kann durch

- Isolierung,
- Abdeckung oder
- ausreichend Abstand

gewährleistet werden.

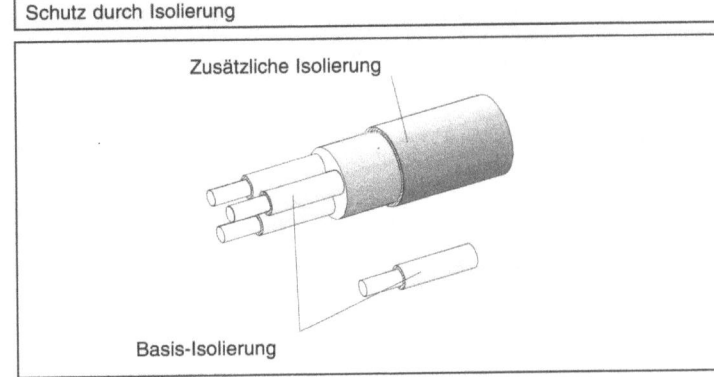

Schutz durch Isolierung

Sicherheitsvorschriften   Festo Didactic

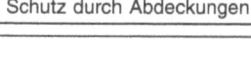
Schutz durch Abdeckungen

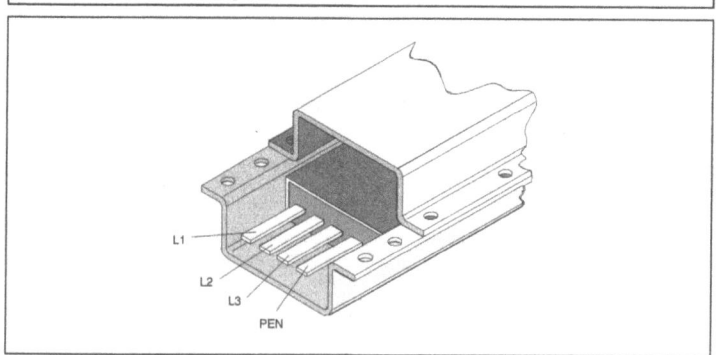

Im Gegensatz zum Signalsteuerteil wird das Hydroaggregat üblicherweise mit höheren Spannungen betrieben. Die Maßnahmen zum Schutz gegen direktes Berühren wirken auch hier. Darüber hinaus werden im Bereich der Berührungsmöglichkeiten des Menschen liegende Bauteile (z.B. Gehäuse) geerdet. Wenn beispielsweise ein Gehäuse unter Spannung gerät, führt dies zu einem Kurzschluß und die vorgeschalteten Überstrom-Schutzorgane lösen aus. Die Gestaltung dieser Schaltungen und das Ansprechverhalten der Überstrom-Schutzorgane kann sehr unterschiedlich sein. Zum Einsatz als Überstrom-Schutzorgane kommen:

Überstrom-Schutzorgane

- Schmelzsicherungen,
- Leitungsschutzschalter,
- FI-Schutzschalter,
- FV-Schutzschalter.

Schutz durch Abstand

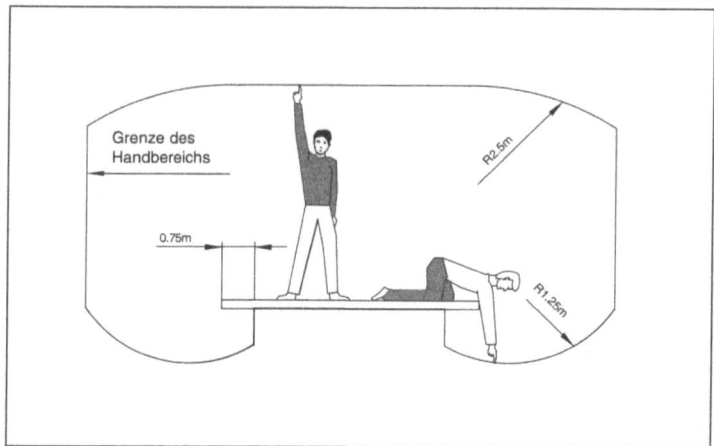

Sicherheitsvorschriften   Festo Didactic

NOT-AUS-Schalter   Eine Maschine muß im Gefahrenfall sofort mit einem NOT-AUS-Schalter stillge-
                           setzt und die gesamte Ausrüstung vom Netz getrennt werden können. Bei der
                           NOT-AUS-Schaltung sind folgende Vorschriften zu beachten:

> 1. Eine evtl. erforderliche Beleuchtung darf nicht mit NOT-AUS abgeschaltet werden.
>
> 2. Gespannte Werkstücke dürfen beim Betätigen des NOT-AUS-Schalters nicht freigegeben werden.
>
> 3. Hilfs- und Bremseinrichtungen, die z.B. ein schnelles Stillsetzen der Maschine bewirken, dürfen nicht wirkungslos werden.
>
> 4. Rücklaufbewegungen müssen durch die Betätigung der NOT-AUS-Einrichtung eingeleitet werden, wenn dies erforderlich ist. Sie dürfen allerdings nur dann eingeleitet werden, wenn dadurch keine Gefahr für Personen entsteht.
>
> 5. Die Kennfarbe des NOT-AUS-Betätigungselementes ist auffällig Rot, die Fläche unter dem Handbetätigungselement muß mit der Kontrastfarbe Gelb gekennzeichnet sein.

Weitere Anforderungen an die NOT-AUS-Schaltung für elektrische und hydraulische Anlagen sind in DIN 31000 aufgeführt.

Hauptschalter   Zusätzlich muß jede Maschine einen Hauptschalter haben, mit dem die gesamte elektrische Ausrüstung während der Dauer von Reinigungs-, Wartungs- und Reparaturarbeiten und längeren Stillstandzeiten abgeschaltet werden kann.

> 1. Der Hauptschalter muß handbetätigt sein und darf nur eine mit 0 und 1 gekennzeichnete Aus- und Einstellung mit Anschlägen haben.
>
> 2. Er muß in Aus-Stellung so verschließbar sein, daß Handeinschaltung und Ferneinschaltung verhindert wird.
>
> 3. Bei mehreren Einspeisungen müssen sich die Hauptschalter gegenseitig so verriegeln lassen, daß keine Gefährdung eintreten kann.

Teil C

Lösungen

Lösungen   Festo Didactic

Übung 1

Direkte Magnetventilansteuerung

1. Hydraulischer Schaltplan

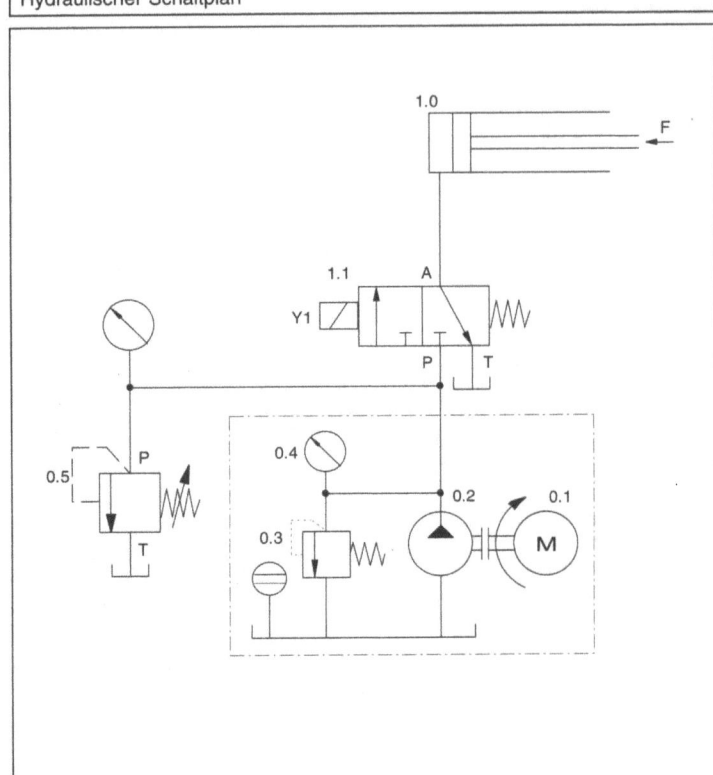

Elektrischer Schaltplan

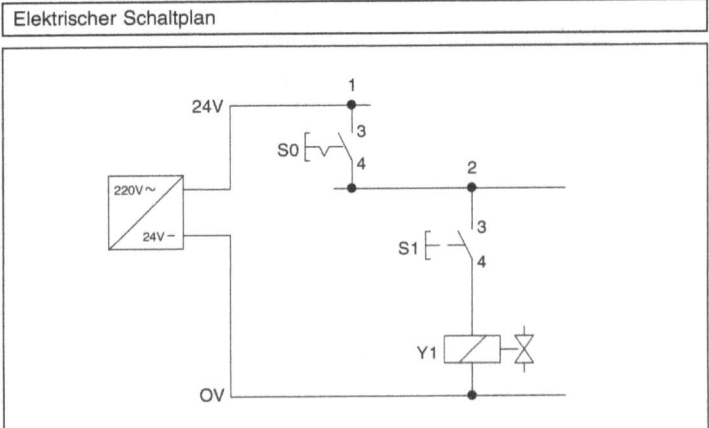

Lösungen   Festo Didactic

- Wird der Stellschalter S1 bei eingeschaltetem Hauptschalter betätigt, so fließt Strom durch die Magnetspule. Der Elektromagnet zieht an, das Wegeventil schaltet um, und die Kolbenstange des Zylinders fährt aus.   Funktionsbeschreibung

- Wird der Taster wieder losgelassen, so fließt kein Strom mehr durch die Magnetspule. Der Elektromagnet fällt ab, das Wegeventil schaltet zurück, und die Kolbenstange des Zylinders fährt durch die Gewichtsbelastung wieder ein.

Tabelle   2. Auswahl des Tasters

	1	2	3
Kontaktbe-lastbarkeit:	250 V~ 4 A	220 V/110 V~ 1,5/2,5 A	5 A/48 V~
	12 V− 0,2 A	24V/12 V− 2,25/4,5 A	4 A/30 V−
Öffner:	1	3	2
Schließer:	1	−	2

Die Leistungsaufnahme des Magnetventiles beträgt 31 W. Bei einer Spannung von 24 V müssen die Kontakte mindestens mit

$$\frac{31\,W}{24\,V} = 1{,}3\,A$$

belastbar sein. Da die Steuerung mit Gleichspannung betrieben wird, ist die Strombelastbarkeit für Gleichspannung (−) ausschlaggebend. Danach könnten die Taster Nr. 2 und Nr. 3 verwendet werden.

Wie aus dem elektrischen Schaltplan hervorgeht, wird für diese Lösung ein Schließer benötigt. Da Taster Nr. 2 keinen Schließer aufweist, kann nur Taster Nr. 3 verwendet werden.

Übung 2

Indirekte Magnetventilansteuerung

1. Hydraulischer Schaltplan

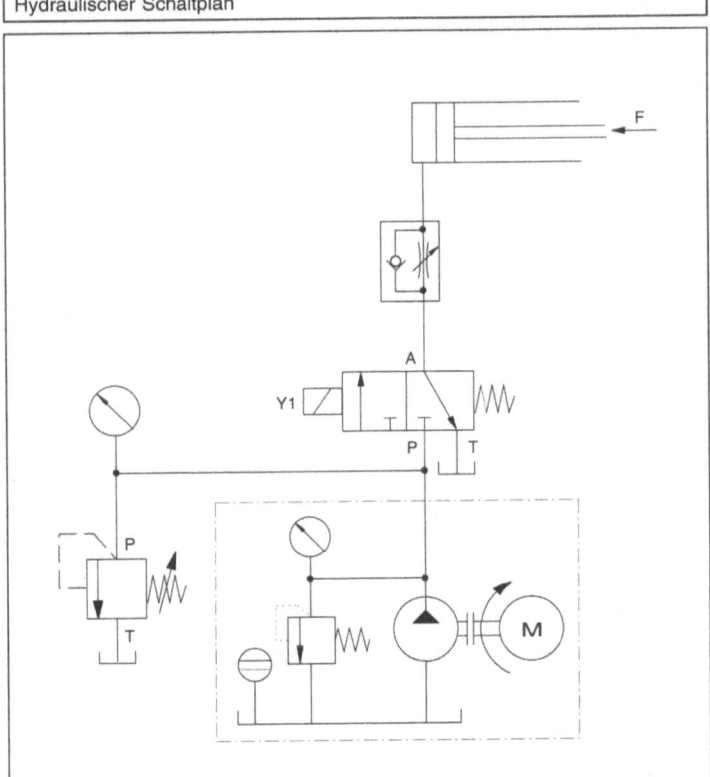

Um die Rückhubgeschwindigkeit zu drosseln, wird ein Drosselrückschlagventil eingebaut. Es empfiehlt sich, das Drosselventil möglichst nahe am Zylinder zu montieren. Dadurch lassen sich Schwingungen des Kolbens und damit der Niederhalterwalze vermeiden. Das Wegeventil ist ebenfalls eine Drosselstelle. Diese Drosselung kann hier vernachlässigt werden, da der Öffnungsquerschnitt des Wegeventils wesentlich größer ist als der des Drosselrückschlagventils.

Lösungen　　　　　　　　　　　　　Festo Didactic

Elektrischer Schaltplan; indirekte Ansteuerung　　　　　　　2. Elektrischer Schaltplan

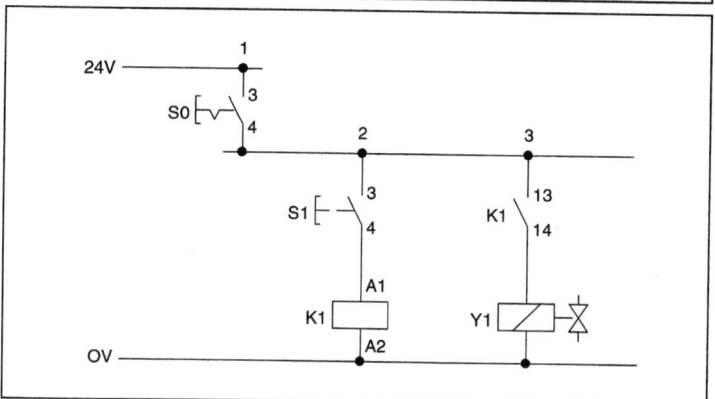

- Im Signalsteuerteil bildet der Strompfad 2 den Steuerstromkreis. In ihm befinden sich der Taster S1 (Schließer) und das Relais K1.
- Der Strompfad 3 ist die Schnittstelle zum Energiesteuerteil und bildet den Hauptstromkreis (Energiestromkreis).
- Der Hauptschalter S0 ist beiden Stromkreisen zugeordnet.

Ist der Hauptschalter S0 eingeschaltet und wird der Taster S1 betätigt, schaltet das Relais K1 in Stompfad 2, und der Kontakt von K1 im Strompfad 3 wird geschlossen. Die Magnetspule Y1 des 3/2-Wege-Magnetventiles schaltet, und die Kolbenstange des Zylinders fährt aus.　　　　　　　　　　Funktionsbeschreibung

Wird der Taster losgelassen, fällt das Magnetfeld des Relais K1 ab. Der Kontakt K1 öffnet wieder. Am Magnetventil liegt keine Spannung mehr an. Die Feder stellt das Ventil in die Ruhestellung zurück. Die Kolbenstange fährt durch die Gewichtsbelastung der Walze wieder ein.

Lösungen Festo Didactic

Übung 3

Boolesche Grundfunktionen

1. Signalumkehrung, hydraulisch

Hydraulischer Schaltplan

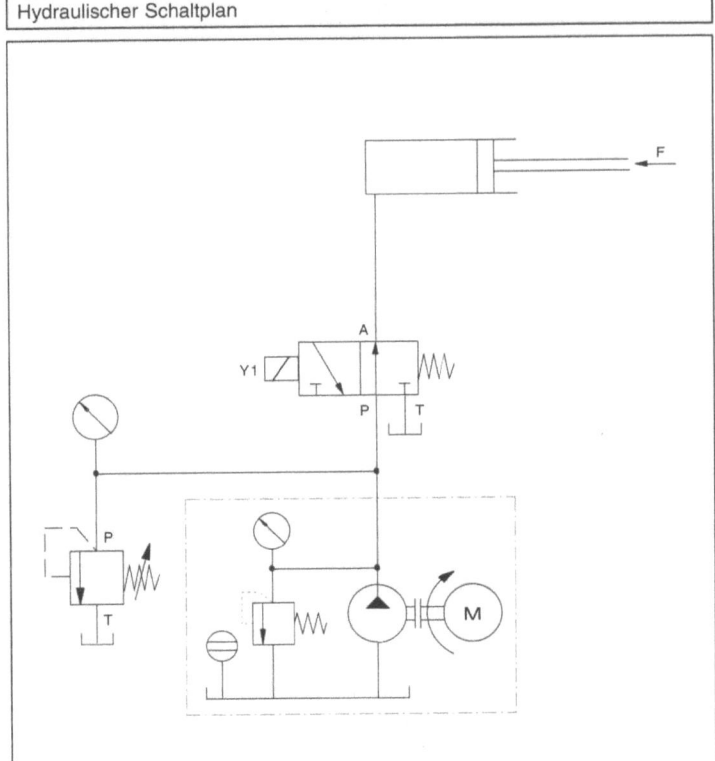

Elektrischer Schaltplan

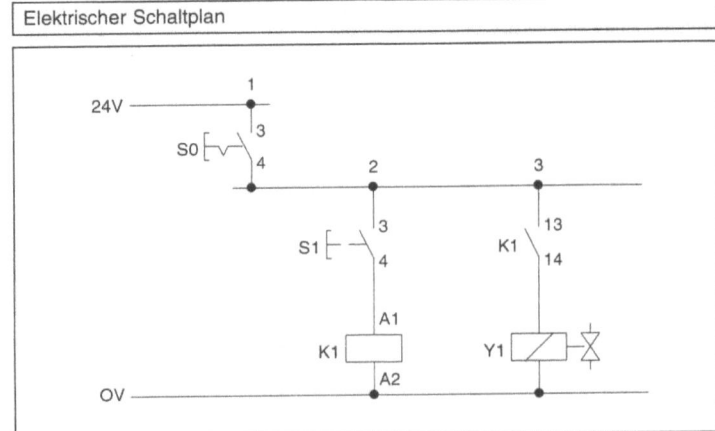

Der hydraulische Schaltplan ist in der Stellung zu zeichnen, die sich ergibt, wenn das Hydraulikaggregat eingeschaltet, die elektrische Energieversorgung des Signalsteuerteils hingegen abgeschaltet ist. Da die Signalumkehrung hydraulisch erfolgen soll, ist ein Ventil in Durchfluß-Ruhestellung auszuwählen. Dieses Ventil verbindet in seiner Ruhestellung die Zylinderkammer mit dem Hydraulikaggregat. Die Kolbenstange des Zylinders ist deshalb in der ausgefahrenen Stellung zu zeichnen.

- Ein nicht betätigter Taster bedeutet in dieser Schaltung: Die Relaisspule zieht nicht an, der Schließer im Hauptstromkreis bleibt geöffnet, und das Ventil ist unbetätigt. Die Umkehrung des Signals erreicht man durch Verwendung eines Ventils, dessen Schaltstellungen gegenüber dem Ventil in der vorhergehenden Aufgabenstellung vertauscht sind (Durchfluß-Ruhestellung statt Sperr-Ruhestellung). Dementsprechend ist die Zylinderkammer in der nicht betätigten Stellung des Ventils mit Druck verbunden, und die Kolbenstange fährt bei Einschalten der hydraulischen Energie aus.
- Beim Betätigen des Tasters wird das Ventil über das Relais mit Strom versorgt und schaltet um. Die Kolbenstange fährt ein.

Funktionsbeschreibung

2. Signalumkehrung, elektrisch

Hydraulischer Schaltplan

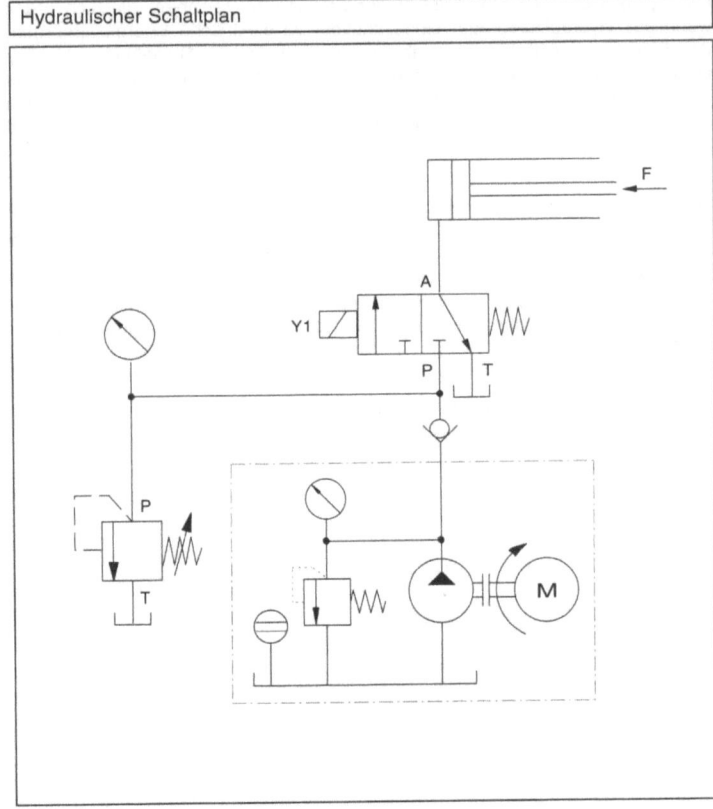

Elektrischer Schaltplan

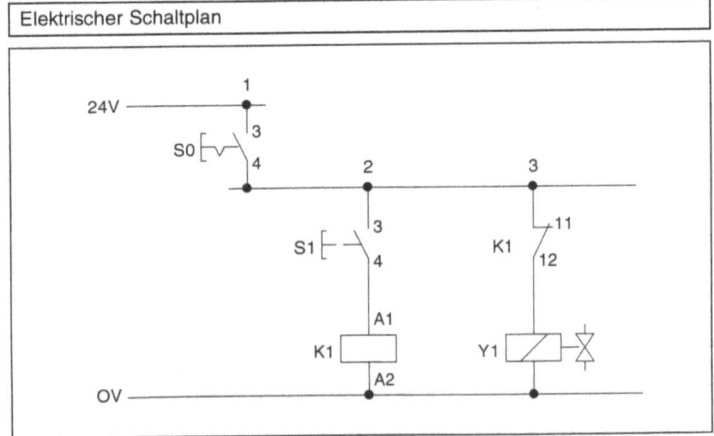

Lösungen   Festo Didactic

Auch hier ist der hydraulische Schaltplan unter der Bedingung zu zeichnen, daß die elektrische Energie abgeschaltet ist. Deshalb ist das Ventil nicht betätigt. Die Zylinderkammer ist mit dem Tank verbunden, es wirkt also kein Druck und damit auch keine Kraft auf den Kolben. Dementsprechend wird die Kolbenstange durch die äußere Kraft in den Zylinder hineingedrückt. Sie muß also in der eingefahrenen Stellung gezeichnet werden.

- Solange der Taster S1 nicht betätigt ist, fließt kein Strom durch die Relaisspule K1 im Steuerstromkreis. Der Öffner im Hauptstromkreis ist dementsprechend geschlossen. Der Elektromagnet wird von Strom durchflossen, und das Ventil ist in der betätigten Stellung. Die Kolbenstange fährt aus oder bleibt ausgefahren.

- Wird der Taster S1 betätigt, zieht das Relais K1 im Steuerstromkreis an. Der Öffner von K1 unterbricht den Hauptstromkreis. Das Signal im Hauptstromkreis wird gegenüber dem Signal im Steuerstromkreis umgekehrt. Der Elektromagnet fällt ab, das Ventil schaltet in die unbetätigte Stellung zurück, und die Kolbenstange fährt ein.

Funktionsbeschreibung

Lösungen   Festo Didactic

Übung 4

Signalumkehrung

1. Signalumkehrung, elektrisch

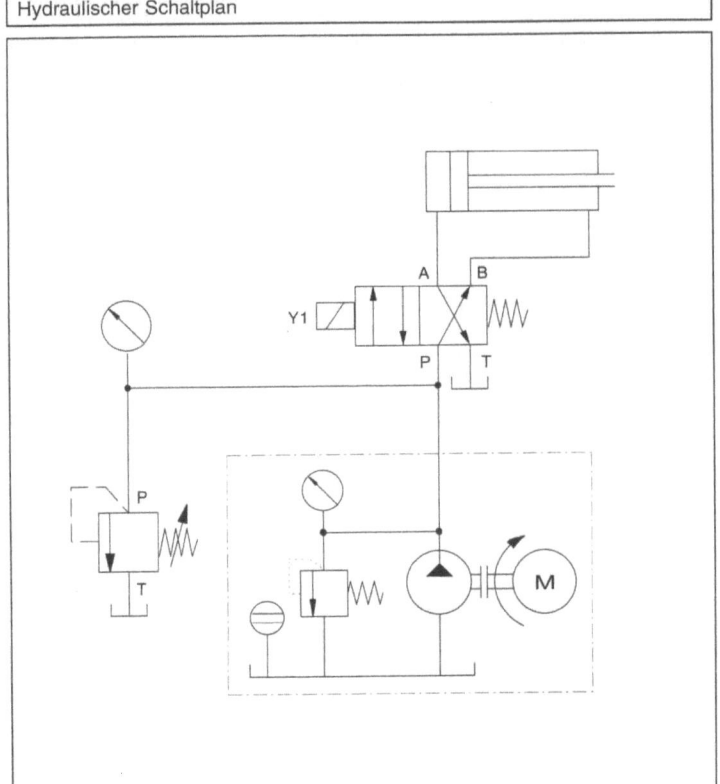

| Lösungen | Festo Didactic |

Da das Signal im Hydraulikschaltkreis nicht umgekehrt wird, ist das Ventil so anzuschließen, daß die Kolbenstange in der betätigten Stellung ausfährt.

Wird das Ziehkissen vom Pressenstempel zurückgedrückt, so fließt auch in dieser Schaltung das Öl gegen die Pumprichtung zum Aggregat (vgl. Übung 3). Ist der Volumenstrom zu groß, so kann er nicht über das Druckbegrenzungsventil im Aggregat abgeführt werden. In diesem Fall muß, wie in Übung 3, ein Rückschlagventil zum Schutz des Aggregats eingebaut werden.

Der Signalsteuerteil erfüllt die gleichen Funktionen wie in Übung 3 und ist deshalb indentisch aufgebaut.

Lösungen Festo Didactic

2. Signalumkehrung, hydraulisch

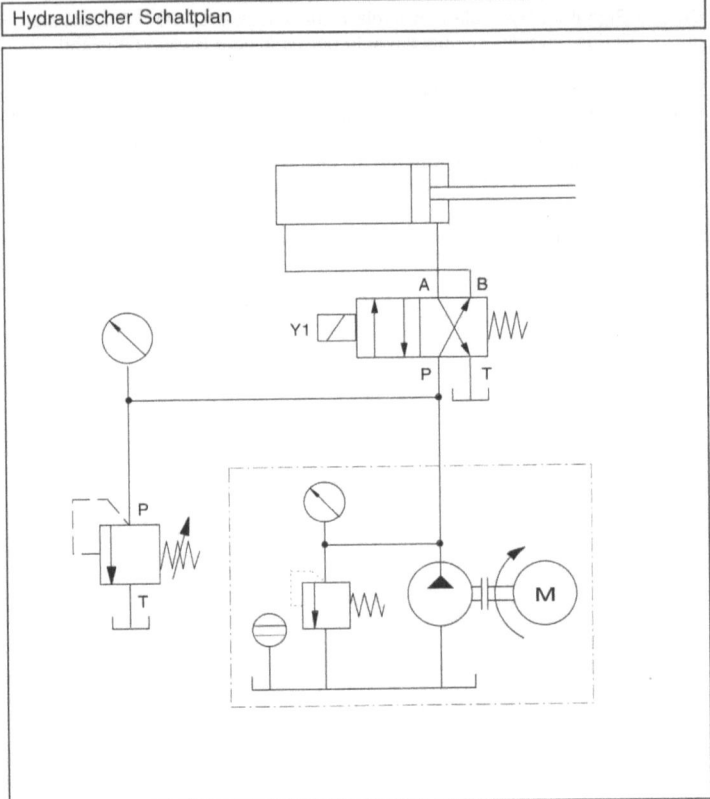

Lösungen Festo Didactic

Da das Signal bei dieser Schaltung hydraulisch umgekehrt wird, ist das Ventil so anzuschließen, daß die Kolbenstange bei betätigtem Ventil einfährt.

Ansonsten gelten die gleichen Anmerkungen wie für die elektrische Signalumkehrung.

Obwohl sich beide Schaltungen im Normalfall gleich verhalten, reagieren sie bei Ausfall der Versorgungsspannung für den Signalsteuerteil unterschiedlich:

3. Ausfall der Spannungsversorgung für den Signalsteuerteil

- Bei elektrischer Signalumkehrung fährt die Kolbenstange ein,
- bei hydraulischer Signalumkehrung fährt die Kolbenstange aus.

Übung 5

Konjunktion und Negation

1. Hydraulischer Schaltplan

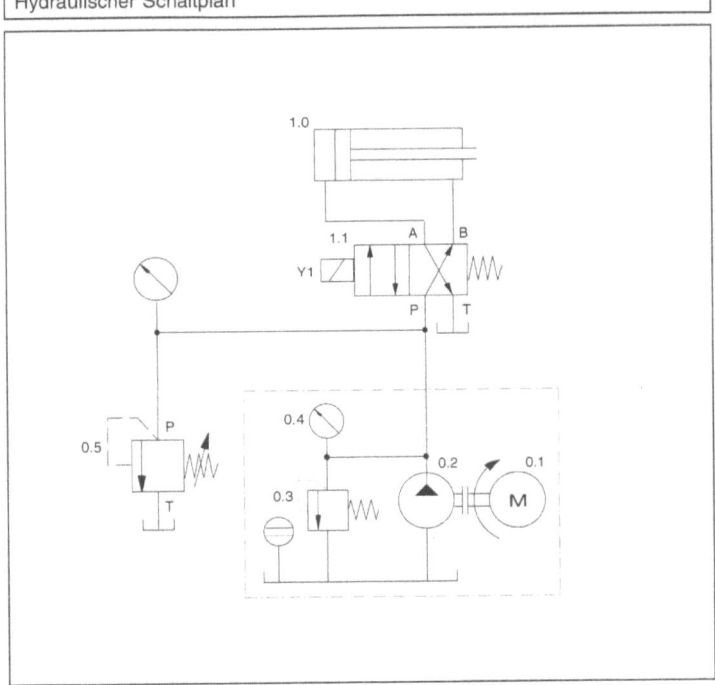

2. Stückliste

Stückliste

Pos.	Stück	Benennung	Typ- und Normenbezeichnung	Hersteller/Lieferant
0.1	1	Elektromotor		
0.2	1	Hydraulikpumpe		
0.3	1	Sicherheits-Druckbegrenzungs-V.		
0.4	1	System-Druckbegrenzungs-Ventil		
0.5	1	Druckmeßgerät		
1.0	1	Hydro-Zylinder doppeltwirkend		
1.1	1	4/2-Wege-Magnetventil		

Lösungen   Festo Didactic

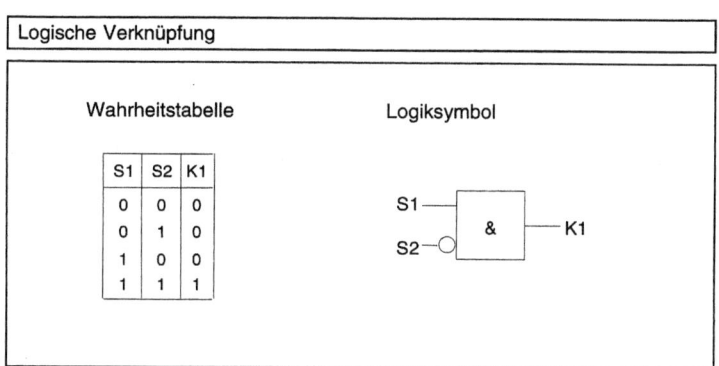

3. Wahrheitstabelle und logisches Schaltzeichen

Die Form darf nur dann schließen, wenn der Taster S1 betätigt und der Grenztaster S2 unbetätigt ist. Das Signal K1 darf deshalb nur unter dieser Bedingung gesetzt werden.

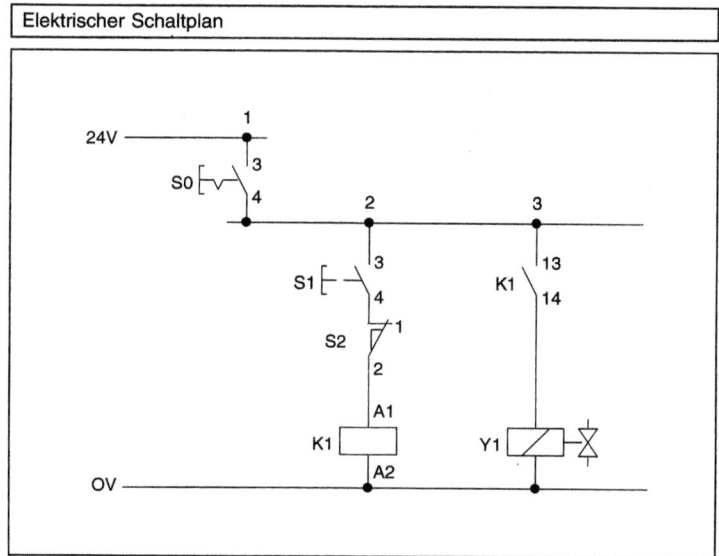

4. Elektrischer Schaltplan

Um die Umkehrung des Signals S2 zu gewährleisten, ist der Grenztaster S2 als Öffner anzuschließen.

Lösungen Festo Didactic

Übung 6

Disjunktion

1. Hydraulischer Schaltplan

Hydraulischer Schaltplan

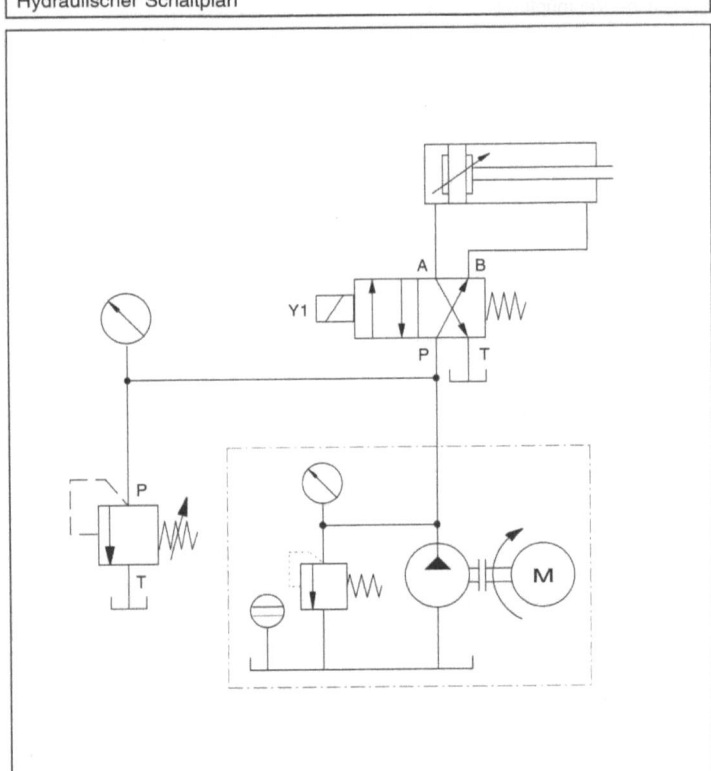

Lösungen — Festo Didactic

Elektrischer Schaltplan

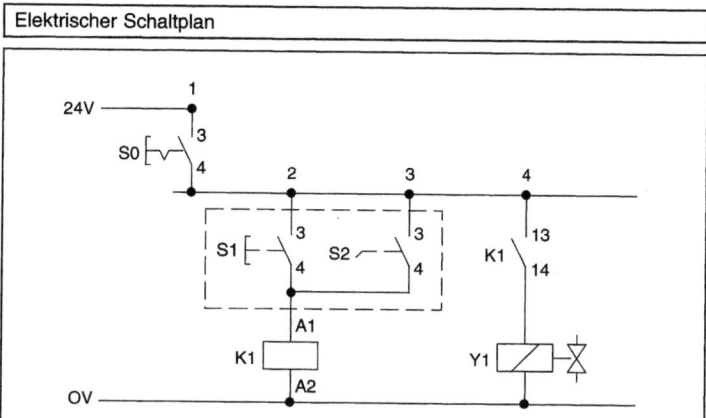

2. Elektrische Schaltpläne

Schaltung 1

Elektrischer Schaltplan

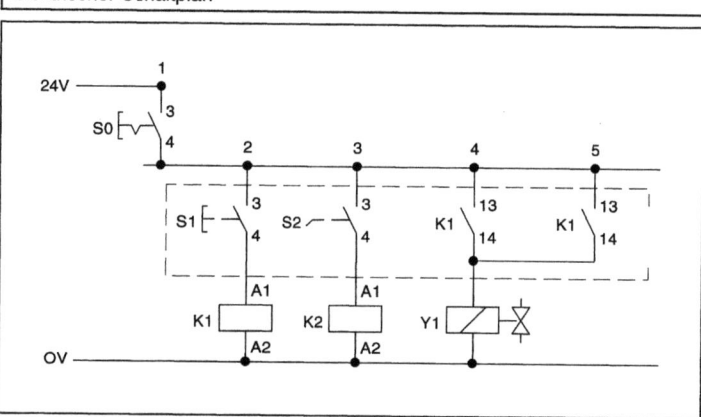

Schaltung 2

Bei beiden Schaltungen zieht die Ventilspule Y1 an, wenn entweder der Handtaster S1, der Fußtaster S2 oder beide betätigt werden.

Die zweite Schaltung hat den Vorteil, daß der Taster S1 nur auf die Spule K1 wirkt, der Taster S2 nur auf die Spule K2. Dadurch können zusätzliche Funktionen realisiert werden:

- Mit weiteren Kontakten von K1 lassen sich die Strompfade schalten, die nur auf den Handtaster reagieren sollen (z.B. Kontrolleuchte für Handtaster).
- Mit weiteren Kontakten von K2 werden hingegen die Strompfade beschaltet, die nur abhängig von S2 reagieren dürfen (z.B. Kontrolleuchte für Fußtaster).

Übung 7

Montageband

1. Hydraulischer Schaltplan

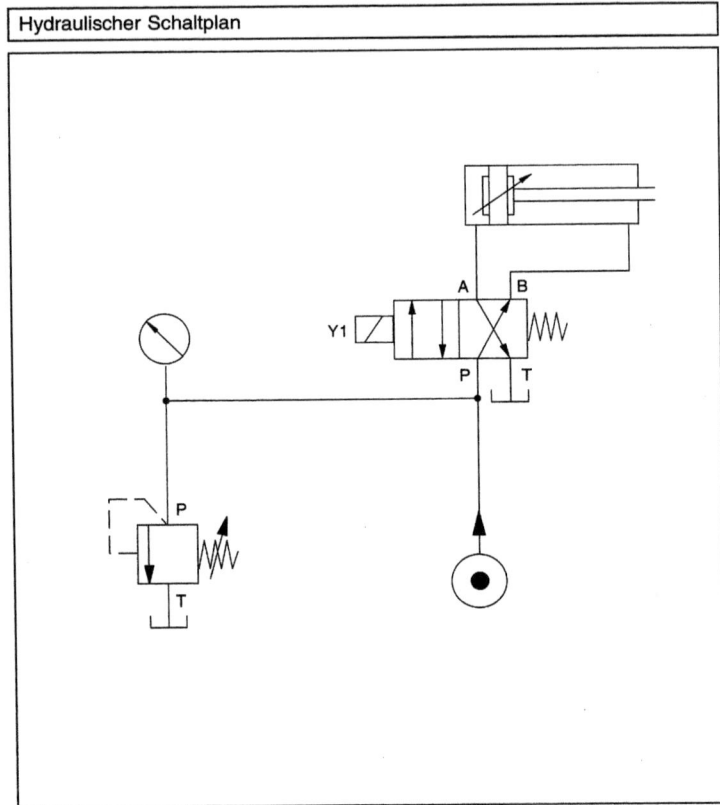

Lösungen   Festo Didactic

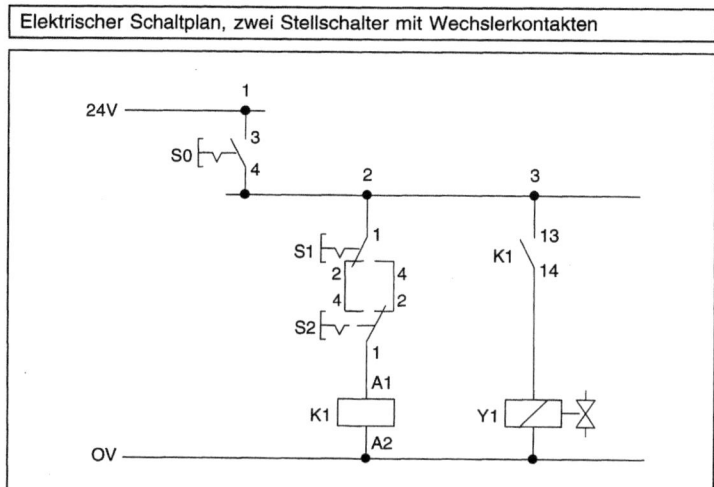

2. Elektrischer Schaltplan, Wechselschaltung mit Wechslerkontakten

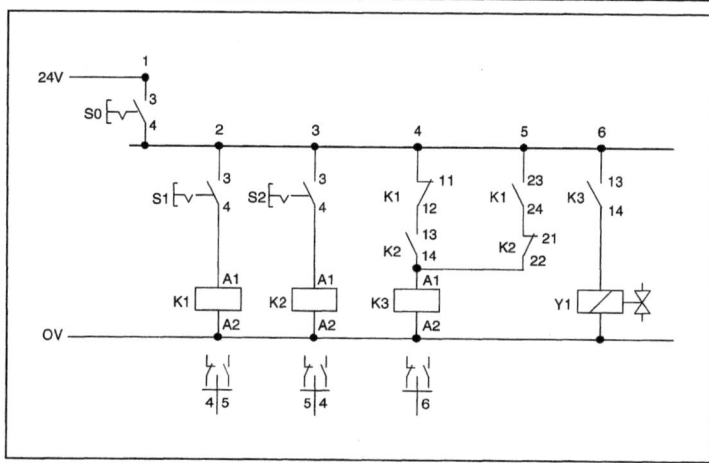

3. Elektrischer Schaltplan, Wechselschaltung mit Schließerkontakten

Die Magnetventilspule Y1 kann auch anstelle von Relais K3 im Strompfad 4 eingebaut werden. Das Relais K3 und der Strompfad 6 werden dann nicht mehr benötigt.

Lösungen   Festo Didactic

Übung 8

Spannvorrichtung

1. Hydraulischer Schaltplan

Hydraulischer Schaltplan

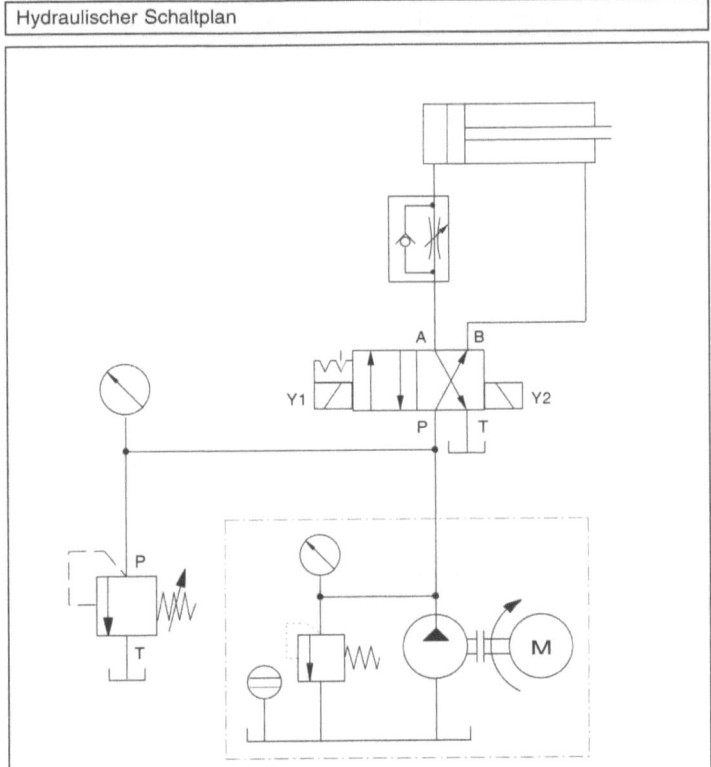

Die Drosselung der Geschwindigkeit ist nur beim Ausfahren der Kolbenstange wirksam. Beim Einfahren wird die Drossel durch das Rückschlagventil überbrückt. Das Drosselrückschlagventil kann an zwei Stellen eingebaut werden:

- entweder wie im Schaltplan oben eingezeichnet,
- oder in die Leitung zwischen Ventilanschluß B und der Zylinderkammer auf der Kolbenstangenseite.

Lösungen   Festo Didactic

| Elektrischer Schaltplan | 2. Elektrischer Schaltplan |

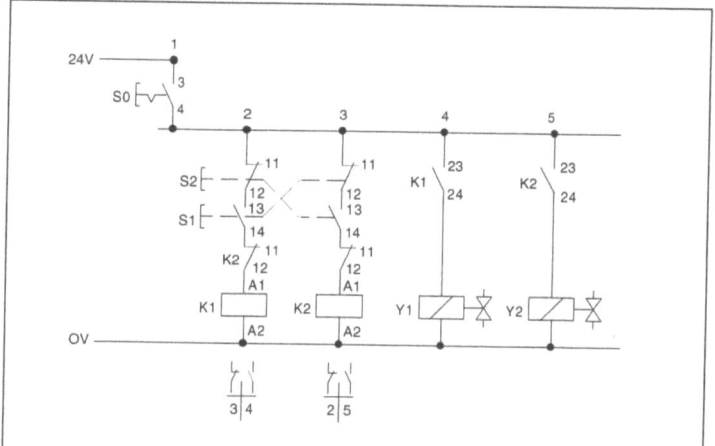

- Bei Betätigung des Tasters S1 zieht das Relais K1 an. Die Kolbenstange fährt aus.

- Wird der Taster S2 betätigt, zieht das Relais K2 an. Die Kolbenstange fährt ein.

- Werden beide Taster nacheinander betätigt, so fällt zwar das zuerst geschaltete Relais wieder ab, das andere Relais wird aber auch nicht geschaltet. Somit sind beide Relais abgefallen, und das Magnetimpulsventil bleibt in der zuerst eingenommenen Schaltstellung.

Funktionsbeschreibung

Lösungen  Festo Didactic

Übung 9

Spannvorrichtung mit elektrischer Selbsthaltung

1. Hydraulischer Schaltplan

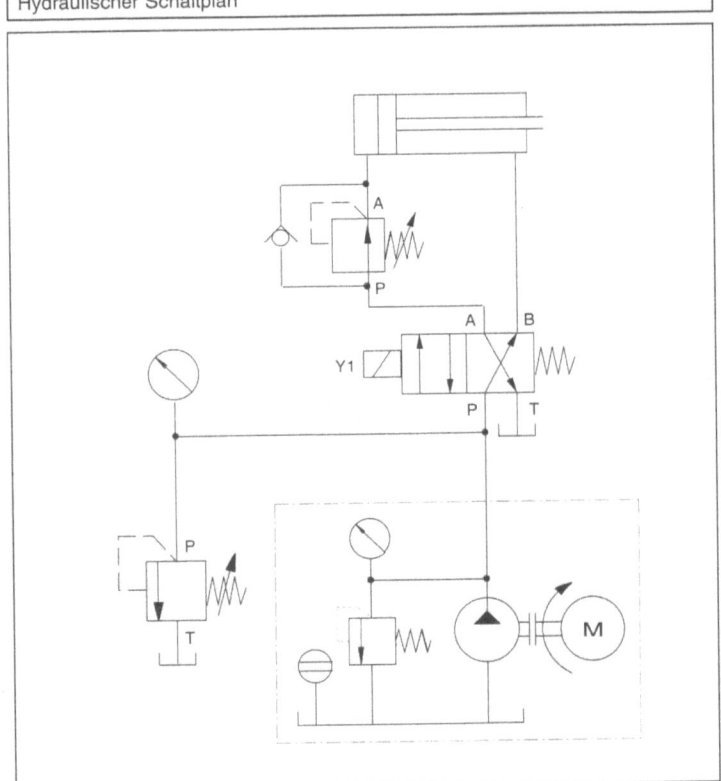

Hydraulischer Schaltplan

Das Druckbegrenzungsventil kann entweder zwischen Wegeventil und Zylinder (siehe Abb.) oder zwischen Aggregat und Wegeventil eingebaut werden.

- Befindet sich das Drucktregelventil zwischen Wegeventil und Zylinder, so muß ein Rückschlagventil parallel geschaltet werden, um das Einfahren der Kolbenstange zu ermöglichen. Beim Einfahren liegt voller Systemdruck auf der Kolbenringfläche.

- Befindet sich das Druckregelventil zwischen Aggregat und Wegeventil, ist das Rückschalgventil nicht erforderlich. Zu beachten ist bei dieser Schaltungsvariante, daß beim Rückhub der Druck ebenfalls reduziert ist. Die Kraft des Zylinders beim Einfahren ist also geringer als bei der ersten Schaltungsvariante.

Lösungen
Festo Didactic

Elektrischer Schaltplan

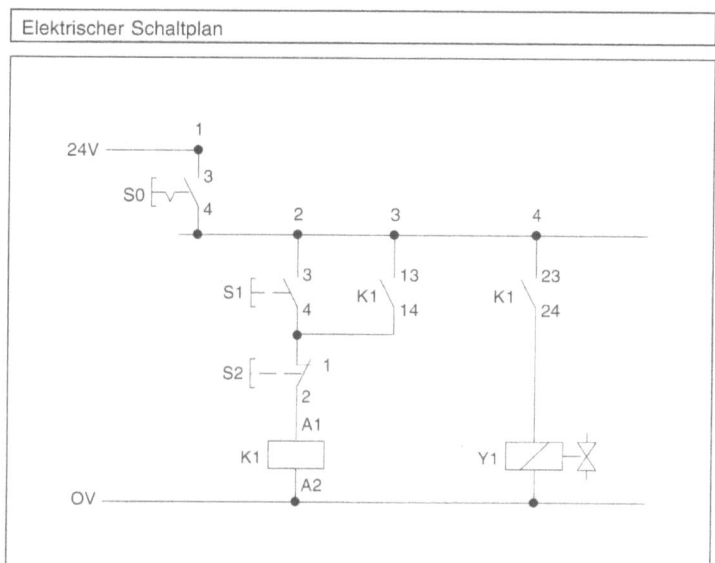

2. Elektrischer Schaltplan, Dominierend rücksetzende Selbsthalteschaltung

- Bei Betätigung des Tasters S1 wird die Selbsthaltung gesetzt, und das Ventil schaltet in die betätigte Stellung. Die Kolbenstange fährt aus.
- Bei Betätigung des Tasters S2 wird die Selbsthaltung gelöst, das Ventil schaltet in die unbetätigte Stellung, und die Kolbenstange fährt ein.
- Werden beide Taster (S1 und S2) betätigt, dann erhält der Ausgang kein Signal – eine Selbsthaltung wird nicht gesetzt.

Funktionsbeschreibung

Logikplan

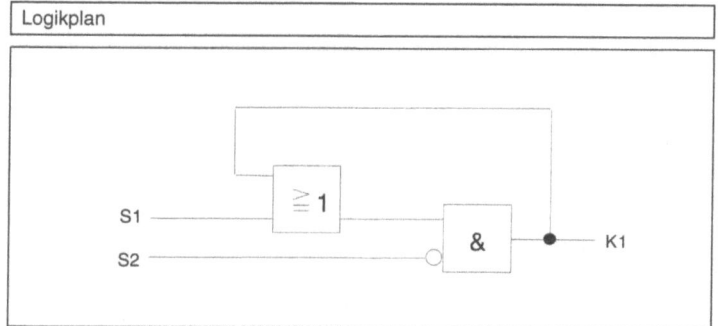

3. Logikplan

Lösungen   Festo Didactic

Übung 10

Ausreibevorrichtung

1. Hydraulischer Schaltplan

Hydraulischer Schaltplan

Bei dieser Übung soll die Bearbeitungsgeschwindigkeit auch bei unterschiedlicher Last genau eingehalten werden. Deshalb muß ein Stromregelventil eingesetzt werden.

Das Stromregelventil regelt den Durchfluß nur in einer Strömungsrichtung. Damit es für beide Verfahrichtungen wirksam ist, wird es zwischen Wegeventil und Hydraulikaggregat eingebaut.

Das Gegenhalteventil wird beim Rückhub durch ein Rückschlagventil überbrückt.

| Lösungen | Festo Didactic |

| Elektrischer Schaltplan | 2. Elektrischer Schaltplan |

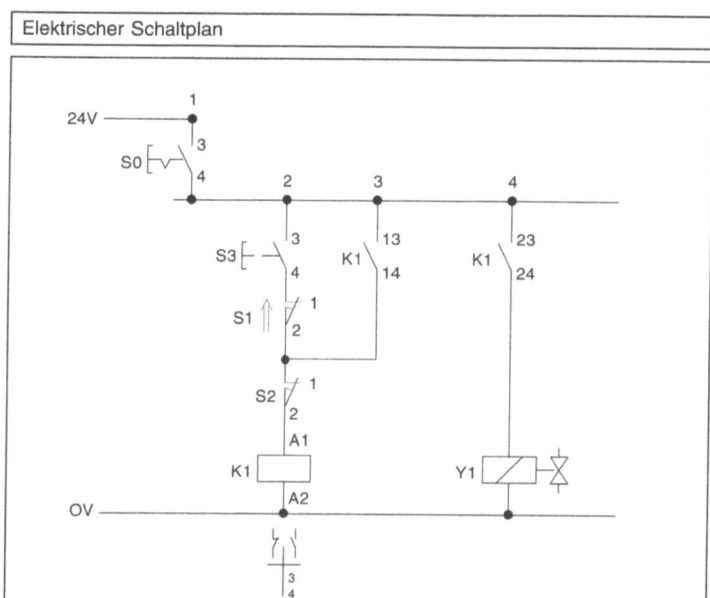

Damit sich eine Selbsthaltung aufbauen kann, wird der Grenztaster S2 als Öffner angeschlossen. Der Grenztaster S1, ist als Schließer angeschlossen. Ein betätigter Schließer wird im Schaltplan als Öffner mit einem Pfeil dargestellt. Zusätzlich werden die Kontakte nach Norm mit Ziffern gekennzeichnet. Auch daran läßt sich erkennen, wie der Grenztaster angeschlossen ist.

Lösungen   Festo Didactic

Übung 11

Einpreßvorrichtung

1. Funktionsdiagramm für die hydraulische Presse

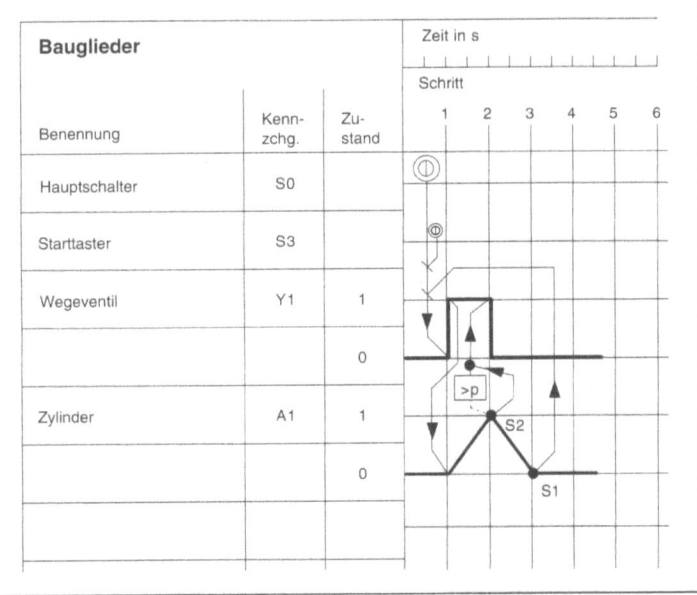

- **Schritt 1:**
  Das Wegeventil wird in die betätigte Stellung geschaltet, wenn folgende Bedingungen erfüllt sind:

  - Der Hauptschalter ist eingeschaltet,
  - die Kolbenstange befindet sich in der hinteren Endlage
  - und der Starttaster wird betätigt.

- **Schritt 2:**
  Wird der eingestellte Grenzdruck überschritten oder erreicht die Kolbenstange die vordere Endlage, so wird das Ventil umgesteuert. Die Kolbenstange fährt ein.

- **Zyklusende:**
  Bei Erreichen der hinteren Endlage ist der Zyklus beendet.

| Lösungen | Festo Didactic |

| Hydraulischer Schaltplan | 2. Hydraulischer Schaltplan |

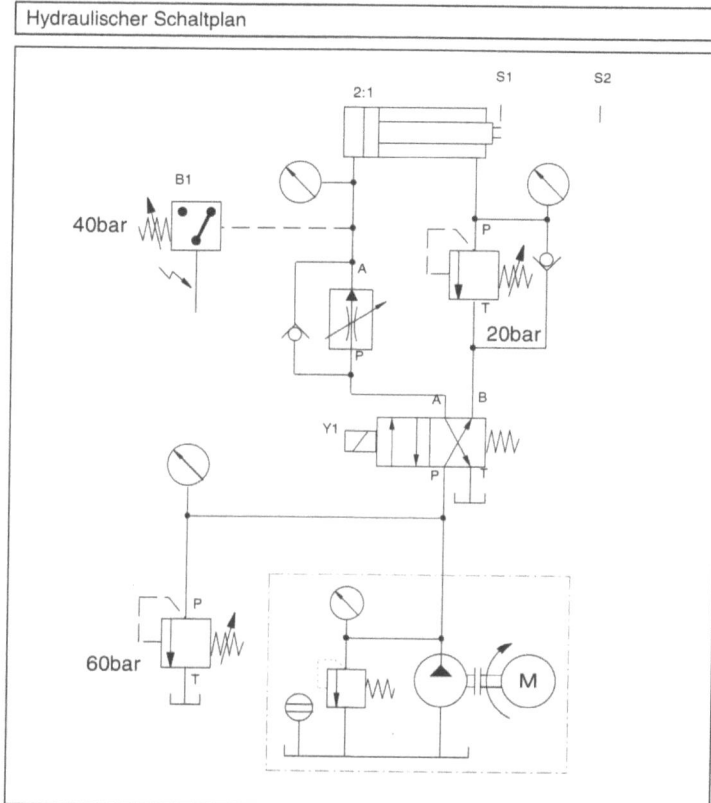

Der Druckschalter muß zwischen Drosselventil und Zylinder eingebaut werden. Zum Einstellen des Druckschalters und des Gegenhalteventiles sind Druckmeßgeräte einzubauen.

Der Höchstdruck beträgt 60 bar. Er ist somit wesentlich niedriger als bei der Abflußdrosselung. Die hydraulischen Komponenten müssen nur auf Drücke bis zu 60 bar ausgelegt sein.

3. Höchstdruck

Werden am Gegenhalteventil 20 bar eingestellt, dann werden zur Überwindung dieses Widerstandes auf der Kolbenseite, bedingt durch das Flächenverhältnis, nur 10 bar benötigt (ohne Berücksichtigung der Reibung im Zylinder).

4. Einstellen des Druckschalters

Für das Einpressen wird zusätzlich folgender Druck benötigt:

$$\frac{F_P}{A} = \frac{6000 \text{ N}}{\pi \cdot (25 \text{ mm})^2} = 3{,}06 \frac{\text{N}}{\text{mm}^2} = 30{,}6 \text{ bar}$$

Der Druckschalter ist deshalb einzustellen auf:

10 bar + 30,6 bar = 40,6 bar ≅ 40 bar

5. Elektrischer Schaltplan

Elektrischer Schaltplan

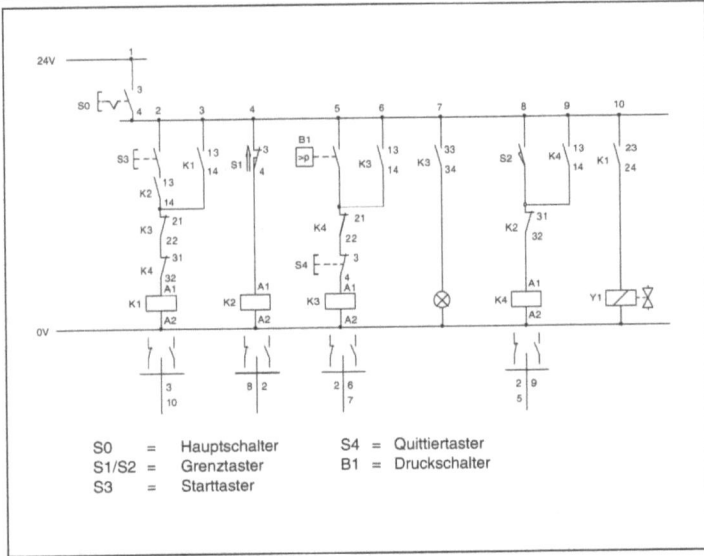

S0 = Hauptschalter
S1/S2 = Grenztaster
S3 = Starttaster
S4 = Quittiertaster
B1 = Druckschalter

Relaisstellungen:

K1 angezogen: Wegeventil ist geschaltet, Kolbenstange fährt aus
K2 angezogen: Kolben in hinterer Endlage
K3 angezogen: Überdruck
K4 angezogen: Kolbenstange fährt ein

| Lösungen | Festo Didactic |

6. Funktionsbeschreibung

Normale Bewegung:
Nach Betätigen des Starttasters S3 fährt die Kolbenstange bis zum Grenztaster S2. K4 zieht an und geht in die Selbsthaltung. Der Öffner von K4 in Strompfad 2 löst die Selbsthaltung von Relais K1.

Störungsfall:
Wenn beim Ausfahren der Kolbenstange 40 bar überschritten werden, schaltet der Druckschalter B1 das Relais K3 in Selbsthaltung. Der erste Kontakt von K3 löst die Selbsthaltung des Relais K1 im Strompfad 2. Die Kolbenstange fährt ein. Der zweite Kontakt schließt den Strompfad 7, die optische Anzeige leuchtet auf. Der Quittiertaster S4 löst die Selbsthaltung von Relais K3. Die Anzeige erlischt, und es kann wieder gestartet werden.

Während des Einfahrens der Kolbenstange soll eine Drucküberschreitung nicht wirksam sein. Deshalb muß der Druckschalter während des Einfahrens unwirksam gemacht werden. Aus diesem Grund sperrt der Kontakt von K4 den Strompfad 5, bis die Kolbenstange in der Ausgangsstellung ist. Der Grenztaster S1 wird betätigt, und das Relais K2 löst die Selbsthaltung von K4.

Ein weiterer Kontakt von K2 befindet sich im Strompfad 2. Dadurch kann der Preßvorgang nur gestartet werden, wenn die Kolbenstange eingefahren ist, denn erst dann sind die Startvoraussetzungen erfüllt.

Übung 12

Fräsmaschine

1. Hydraulischer Schaltplan

Hydraulischer Schaltplan

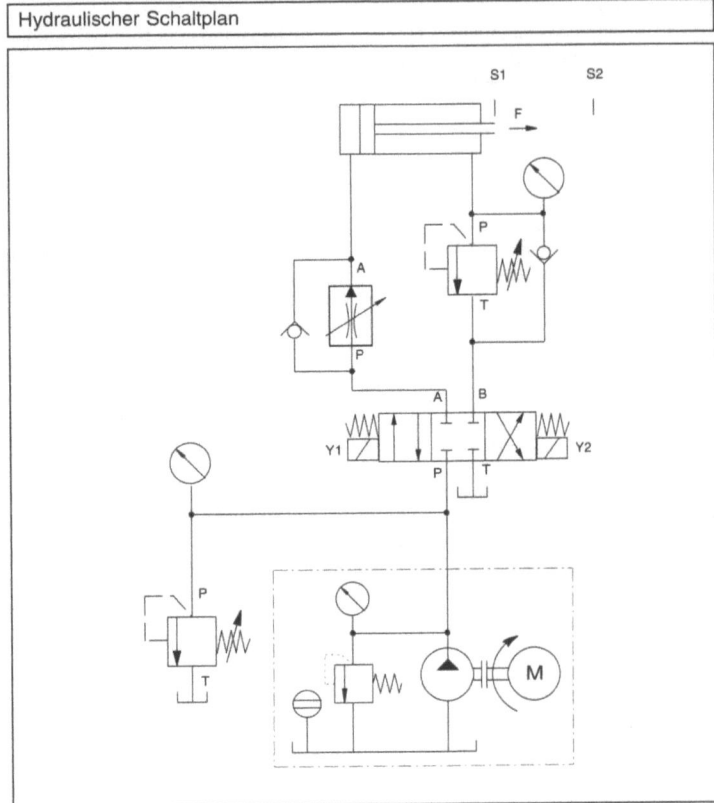

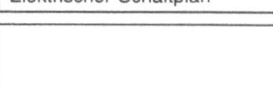

2. Umschaltung von Automatik- auf Handbetrieb über Stellschalter

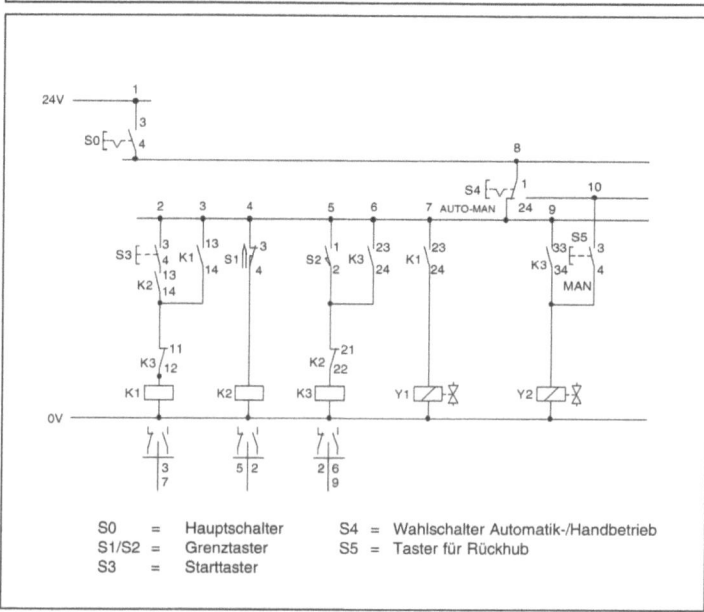

Automatikbetrieb:

Relais K1 angezogen: Kolbenstange fährt aus
Relais K2 angezogen: Kolbenstange in hinterer Endlage
Relais K3 angezogen: Kolbenstange fährt ein

Handbetrieb:

Nach dem Umschalten von S4 auf Handbetrieb fährt die Kolbenstange ein, solange der Taster S5 betätigt wird.

3. Umschalten von Automatik auf Handbetrieb über Taster

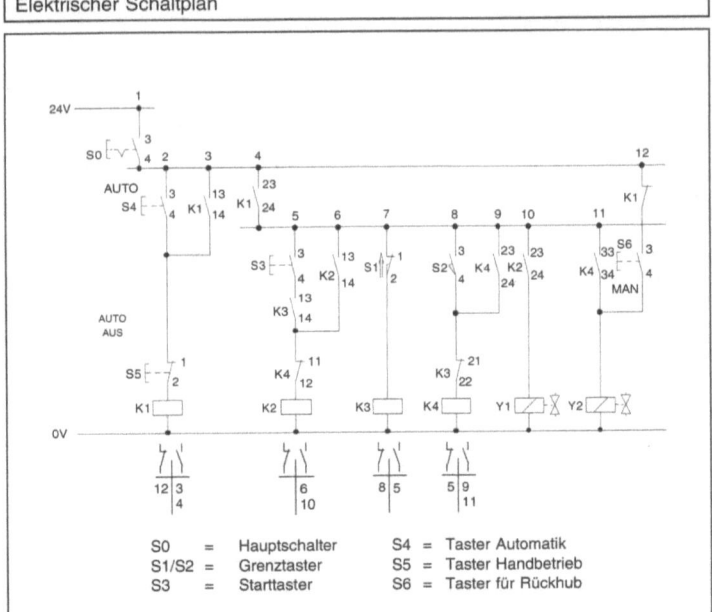

Automatikbetrieb:

Relais K1 angezogen: Automatikbetrieb
Relais K2 angezogen: Kolbenstange fährt aus
Relais K3 angezogen: Kolben in hinterer Endlage
Relais K4 angezogen: Kolbenstange fährt ein

Handbetrieb:

Bei Betätigung des Tasters S5 wird die Selbsthaltung des Relais K1 gelöst. Dadurch schließt der Öffner K1 in Strompfad 12, und die Kolbenstange fährt ein, solange der Taster S6 betätigt wird.

Anhang

Normen für elektrohydraulische Anlagen

Normen für Fluidtechnik	ZH	1/74	Sicherheitsregeln für Hydraulikschlauchleitungen
	TRB	600	Aufstellung von Druckbehältern: Sicherheitstechnische Anforderungen
	TRB	700	Betrieb von Druckbehältern: Sicherheitstechnische Anforderungen
	DIN ISO	1219	Fluidtechnische Systeme und Geräte: Schaltzeichen
	VDI	3260	Funktionsdiagramme von Arbeitsmaschinen und Fertigungsanlagen
	DIN ISO	3320	Fluidtechnik — Hydraulik: Durchmesser von Zylinderbohrungen und Kolbenstangen
	DIN ISO	3322	Fluidtechnik — Hydraulik: Nenndrücke für Zylinder
	VDMA	24 317	Fluidtechnik — Hydraulik: Schwerentflammbare Druckflüssigkeiten Richtlinien
	DIN	24 346	Fluidtechnik — Hydraulik: Hydraulische Anlagen Ausführungsgrundlagen
	DIN	24 347	Fluidtechnik — Hydraulik: Schaltpläne
	DIN	24 552	Hydrospeicher: Allgemeine Anforderungen
	DIN	51 524	Druckflüssigkeiten: Hydrauliköle
	DIN	51 561	Prüfung von Mineralölen, flüssigen Brennstoffen und verwandten Flüssigkeiten
	DIN	51 562 Teil 1 - 3	Viskosimetrie Messung der kinematischen Viskosität mit dem Ubbelohde-Viskosimeter

DIN VDE	0100	Errichten von Starkstromanlagen bis 1000 V	**Normen für Elektrotechnik**
EN DIN VDE	60204 0113	Elektrische Ausrüstung von Industriemaschinen	
IEC	144	Spezifikation für die Schutzgrade der Mäntel von Schalt- und Steuergeräten für Spannungen bis einschließlich 1000 V Wechselstrom und 1200 V Gleichstrom	
DIN	2909 Teil 1	Runde Verschlüsse: Zusammenstellung	
DIN	2909 Teil 2	Runde Verschlüsse: Einzelteile	
DIN	19 226	Regelungstechnik und Steuerungstechnik: Begriffe und Benennungen	
DIN	19 237	Messen, Steuern, Regeln: Steuerungstechnik, Begriffe	
DIN	19 250	Grundlegende Sicherheitsbetrachtungen für Messen-, Steuern-, Regeln-, Schutzeinrichtungen	
DIN (VDE	31 000 1000)	Allgemeine Leitsätze für das sicherheitstechnische Gestalten technischer Erzeugnisse	
DIN	40 050	IP-Schutzarten: Berührungs-, Fremdkörper- und Wasserschutz für elektrische Betriebsmittel	
DIN	40 713	Schaltzeichen	
DIN	40 719 Teil 2	Schaltungsunterlagen: Kennzeichnung von elektrischen Betriebsmitteln	
DIN	40 719 Teil 3	Schaltungsunterlagen: Regeln für Stromlaufpläne der Elektrotechnik	
DIN	40 719 Teil 9	Schaltungsunterlagen: Ausführung von Anschlußplänen	
DIN	40 900 Teil 7	Graphische Symbole für Schaltungsunterlagen	

DIN	41 488 Teil 1 - 3	Elektrotechnik Teilungsmasse für Schränke
DIN	41 494 Teil 1 - 8	Bauweise für elektronische Einrichtungen
DIN	43 650 Teil 1	Steckverbinder, viereckige Bauform Bauformen, Masse, Bezeichnungssystem
DIN	43 650 Teil 2	Steckverbinder, viereckige Bauform Kennwerte, Anforderungen, Prüfung
DIN	43 880	Installationseinbaugeräte Hüllmasse und zugehörige Einbaumasse
DIN EN	50 005	Industrielle Niederspannungs-Schaltgeräte Anschlußbezeichnungen und Kennzahlen, Allgemeine Regeln
DIN EN	50 011	Industrielle Niederspannungs-Schaltgeräte Anschlußbezeichnungen, Kennzahlen und Kennbuchstaben für bestimmte Hilfsschütze
DIN EN	50 012	Industrielle Niederspannungs-Schaltgeräte Anschlußbezeichnungen und Kennzahlen für Hilfsschaltglieder von bestimmten Schützen
DIN EN	50 013	Industrielle Niederspannungs-Schaltgeräte Anschlußbezeichnungen und Kennzahlen für bestimmte Befehlsgeräte
DIN EN	50 022-35	Industrielle Niederspannungs-Schaltgeräte Anschlußbezeichnungen und Kennzahlen

Stichwortverzeichnis

Stichwortverzeichnis

A

Abflußdrosselung .... 103 - 104
Ablaufsteuerung 102, 107
Absperrventil 19
Ampèremeter 126
    Innenwiderstand 126
Anschlußplan 145
Antriebsteil 115

B

Berührungsschutz 145
Betätigungsarten, Wegeventile 16
Boolesche Grundfunktionen 54, 72
Brückenschaltung 121

D

Differentialschaltung 96
Diode 121, 144
Disjunktion 72, 77
Doppelrückschlagventil, Symbol 23
Drosselrückschlagventil 51
Drosselsteuerung 95
Drosselung der Rückhubgeschwindigkeit 50
Druckbegrenzungsventil 17
Druckmittelaufbereitung, Symbole 22
Druckregelventil 17, 91
Druckschalter 104, 131
    Kolbendruckschalter 132
    Membrandruckschalter 132
Druckventil .... 16 - 17
Durchflußrichtung 15

E

Einweg-Lichtschranke. 135
Elektrische Eingabeelemente. 129
Elektrische Leiter 119
    Leitermaterial. 119
Elektrischer Strom
    Wirkung auf den menschlichen Körper. 152
Elektrischer Widerstand 119
Elektrohydraulik
    Anwendungsgebiet 10
    Vorteile. 10
Elektrohydraulische Anlage
    Gliederung. 11
    Inbetriebnahme 42, 151
    Praktischer Aufbau 39, 41
    Reparatur und Wartung. 151
Elektromagnet. 46, 140
    Stecker. 142
Elektromagnetische Schalter 51
Elektromagnetismus 122
Endlagendämpfung
    beidseitig 21, 78, 82
    einfach. 21
    einstellbar 21, 77
Energiesteuerung 115
Energieübertragung
    Symbole. 22
Energieversorgungsteil. 114
Exklusiv-ODER. . . . . 81 - 83

F

Funkenbildung 141
Funkenlöschung 143
Funktionsdiagramm 35

G

Gefährdungsbereiche 152
Gegenhalteventil 98
Geschwindigkeitssteuerung 50, 95, 97
Gleichgangzylinder 20, 96
Gleichrichter 121
Gleichstrom 118
Gleichstrom-Elektromagnet 65
Gleichstromkreis 119
Gleichstrommagnet
   Hubkraftverlauf 140
Graetzschaltung 121
Grenztaster 98, 131

H

Hauptschalter 47, 156
Hauptschaltglieder 139
Hilfsschaltglieder 139
Hubmagnet 140
Hydraulikaggregat 44
   Symbol 23
Hydromotor, Symbol 14
Hydropumpe, Symbol 14

I

Identität 72
Inbetriebnahme 42, 151
Innenwiderstand
   Ampèremeter 153
   des menschlichen Körpers 153
   Voltmeter 125
Isolierung 154

K

Kapazität 123
Kapazitiver Effekt 132
Klemmenbelegung 145
Klemmenbelegungsliste 145
Kondensator 123, 144
Konjunktion . . . . 72 - 73
Kontaktabbrand 49
Kontakte 47

L

Ladekondensator 121
Ladestrom. 123
Leistung
   elektrisch 120
Leistungsaufnahme
   elektrisch 121
Leistungssteuerung. 115
Leistungsteil 11, 114
Leitungsdosen. .... 142 - 143
Lichtbogenbildung. 143
Logische Verknüpfungen 72
Luftspule 122

M

Magnet
   nasser 65, 141
   trockener 142
Magnetfeld 122
Magnetimpulsventil. 87
Magnetventil 16
Magnetventilansteuerung
   direkt 45
   indirekt 50
Meßgerät
   Anzeigefehler. 124
   Symbole. 23
Meßregeln. 124
Messungen im Stromkreis 124
Motor, Ansteuerung 148

N

Näherungsschalter 133
   Blocksymbole. 24
   induktiv. 134
   kapazitiv 135
   optisch 135
Negation .... 55, 57, 72 - 73
Netzteil 47, 128
   Baugruppen. 129
NICHT-Funktion 73
NOT-AUS-Schalter 156

O

ODER-Funktion .... 77 - 78
Öffner 47, 130
Ohmsches Gesetz 120

P

Piezoelektrischer Effekt 132
Piezoresistiver Effekt 132

Q

Quellenspannung 119

R

Reedschalter.. 133
Reflexions-Lichtschranke 136
Reflexions-Lichttaster 136
Relais 137
    Anschlußbezeichnungen................................... 138
Reparatur 151
Rückschlagventil... 19
Ruhestellung.. 15
    Druckventil... 16
    Wegeventil.. 46

S

Schaltelemente
    elektromechanisch 24
Schaltglieder 23, 25
Schaltplan, elektrisch
    Anschlußbezeichnungen für Schaltglieder 32
    Funktionsziffer 32
    Ordnungsziffer 32
    Relaisanschlußbezeichnungen 32
    Schaltgliedertabelle 35
    Stromwegrichtung 33
Schaltplan, hydraulisch 28
    Bezeichnung der Bauelemente 30
    Energiefluß 28
    Gerätenumerierung 30
    Gruppeneinteilung 30
    Kennziffer 30
    Ordnungszahl 30
Schaltschrank 145
Schaltstellung 15
    Wegeventil 46
Schließer 47, 129
Schnittstelle 33, 115
Schütz .... 137 - 139
Schutzabdeckung 155
Schutzabstand 155
Schutzbeschaltung 144
Schutzkleinspannung 148
Schutzmaßnahmen 154
Schutztrafo 154
Selbsthaltung 92, 108
    dominierend rücksetzend 92
    dominierend setzend 92
Sensoren .... 131 - 136
    Aufgaben 131
Sicherheitsvorschriften
    Elektrik 152
    Hydraulik 150
Signaleingabe 115
Signalspeicherung
    elektrisch 90
    hydraulisch 86
Signalsteuerteil .... 11, 114 - 115, 128
Signalumkehrung .... 55 - 56, 58 - 61, 64 - 67, 69
    elektrisch 57
    hydraulisch 55, 68

Signalverarbeitung 115
Spannungsmessung. 125
Spannungsversorgung, elektrischer Motor. 148
Sperrventil. 19
Spule mit Eisenkern 122
Stellschalter 47, 110, 129
Steuerdiagramm 36
Steuerkette 29
Stromlaufplan 33
Strommessung 126
Stromregelung 95
Stromregelventil 18, 97
Stromstärke 118, 120
Stromsteuerventil 18, 97, 103
Strömungsrichtung 14
Stromventil 18
    einstellbar 18
Stückliste 31
Symbole 14
    Elektrik. 23
    Hydraulik 14

T

Taster 47, 110, 129
Technische Stromrichtung 119

U

Überstrom-Schutzorgane 155
Umströmschaltung 96
UND-Funktion 73

V

Ventilanschlüsse	15
Ventilmagnetspule, Ansteuerung	33
Verdrängersteuerung	95
Verriegelung, elektrisch	87, 108
Voltmeter	125

W

Wartung	151
Wechselschaltung	82
Wechselstrom	118
Wechselstrommagnet	141
Wechsler	47, 130
Weg-Schritt-Diagramm	35
Weg-Zeit-Diagramm	36
Wegeventil	
3/2-Wegeventil	46
4/2-Wege-Magnetventil	65
4/3-Wege-Magnetventil	108
Betätigung	16
Symbol	15
Widerstand	119, 144
Widerstand, induktiv	
bei Gleichspannung	123
bei Wechselspannung	123
Widerstandseffekt	132

Z

Ziehende Last	98
Zylinder	20
Differential-	20
doppeltwirkend	20
einfachwirkend	20, 46
Endlagendämpfung	21
Gleichgang-	20, 96
Teleskop-, doppeltwirkend	21
Teleskop-, einfachwirkend	20

MIX
Papier aus verantwortungsvollen Quellen
Paper from responsible sources
FSC® C105338

If you have any concerns about our products,
you can contact us on
ProductSafety@springernature.com

In case Publisher is established outside the EU,
the EU authorized representative is:
**Springer Nature Customer Service Center GmbH
Europaplatz 3, 69115 Heidelberg, Germany**

Printed by Libri Plureos GmbH
in Hamburg, Germany